CHEMISCHES ZENTRALBLATT

1830 gegründet
1897—1945 von der Deutschen Chemischen Gesellschaft fortgeführt

Herausgegeben im Auftrage
der Deutschen Akademie der Wissenschaften zu Berlin,
der Chemischen Gesellschaft in der DDR,
der Akademie der Wissenschaften zu Göttingen
und der Gesellschaft Deutscher Chemiker
von Prof. Dr. HEINRICH BERTSCH und Prof. Dr. Dr. h. c. WILHELM KLEMM

Chefredakteure
Dr. HELGA VÖLZ und Dr.-Ing. CHRISTIAN WEISKE

ZEITSCHRIFTENLISTE 1968

AKADEMIE-VERLAG GMBH · BERLIN – VERLAG CHEMIE GMBH · WEINHEIM · BERGSTRASSE

V O R W O R T

In der Z E I T S C H R I F T E N L I S T E 1968 des CHEMISCHEN ZENTRALBLATTES sind die Titel der Zeitschriften, Monographien, Fortschrittsberichte usw. aufgeführt, die im Zeitraum vom 1. September 1967 bis 31. August 1968 von den Redaktionen ausgewertet wurden. Die kyrillischen Titel von Zeitschriften werden in transliterierter Form alphabetisch eingeordnet.

Zeitschriften, die im Berichtszeitraum ihre Titel geändert haben, sind sowohl unter dem alten Titel mit einem Hinweis auf die neue, als auch unter dem neuen Titel mit einem Hinweis auf die alte Benennung zu finden.

Die Signiernummer ist eine interne Zeitschriftennummer, die bei Anfragen nach einer Originalarbeit mit angegeben werden sollte, um den Zugriff zur archivierten Zeitschrift zu erleichtern.

Berlin, den 31. Oktober 1968

Dr. H e l g a V ö l z

Dr.-Ing. C h r i s t i a n W e i s k e

Zeitschriften und ähnliche Publikationen

Aachener Blätter für Aufbereiten - Verkoken - Brikettieren	Aachener Bl. Aufbereiten - Verkoken - Brikettieren	4051
Abhandlungen der Braunschweigischen Wissenschaftlichen Gesellschaft	Abh. braunschweig. wiss. Ges.	1668
Abhandlungen der Deutschen Akademie der Wissenschaften zu Berlin.	Abh. dtsch. Akad. Wiss. Berlin,	2960 a-c
a)... Klasse für Mathematik, Physik und Technik	Kl. Math., Physik Techn.	
b)... Klasse für Chemie, Geologie und Biologie	Kl. Chem., Geol. Biol.	
c)... Klasse für Medizin	Kl. Med.	
Abhandlungen aus dem Fritz-Haber-Institut der Max-Planck-Gesellschaft in Berlin-Dahlem	Abh. Fritz-Haber-Inst. Max-Planck-Ges. Berlin-Dahlem	1464
Abhandlungen der Sächsischen Akademie der Wissenschaften zu Leipzig. Mathematisch-Naturwissenschaftliche Klasse	Abh. sächs. Akad. Wiss. Leipzig, math.-naturwiss. Kl.	77a
Academia Republicii Socialiste România. Institutul de Fizică Atomică	Acad. Republ. socialist. România, Inst. Fizică atomică	4342
Accounts of Chemical Research	Accounts chem. Res.	4455
Acqua Industriale - Ab Band 9, Nr. 51 (1967): Acqua Industriale Inquinamento	Acqua ind.	2375
Acqua Industriale Inquinamento - Bis Band 9, Nr. 50 (1967): Acqua Industriale	Acqua ind. Inquinamento	2375
Acta Academiae Aboensis. Mathematica et Physica - Ab Band 26, Nr. 8 (1967): Acta Academiae Aboensis. Ser. B. Mathematica et Physica	Acta Acad. Aboensis, Math. Physica	6
Acta Academiae Aboensis. Ser. B. Mathematica et Physica - Bis Band 26, Nr. 7 (1966): Acta Academiae Aboensis. Mathematica et Physica	Acta Acad. Aboensis, Ser. B	6
Acta Agronomica Academiae Scientiarum Hungaricae	Acta agronom. Acad. Sci. hung.	1687
Acta Anaesthesiologica Scandinavica	Acta anaesthesiol. scand.	2527
Acta Anaesthesiologica Scandinavica. Supplementum	Acta anaesthesiol. scand., Suppl.	2527a
Acta Biochimica et Biophysica. Academiae Scientiarum Hungaricae	Acta biochim. biophys., Acad. Sci. hung.	4368
Acta Biochimica Polonica	Acta biochim. polon.	2061
Acta Biologica Academiae Scientiarum Hungaricae	Acta biol. Acad. Sci. hung.	1707
Acta Biologica et Medica Germanica	Acta biol. med. german.	2157
Acta Chemica Scandinavica	Acta chem. scand.	1548

Acta Chimica Academiae Scientiarum Hungaricae	Acta chim. Acad. Sci. hung.	1688
Acta Cientifica Venezolana	Acta ci. venezolana	3650
Acta Crystallographica [Copenhagen] - Ab Band 24, Nr. 1 (1968): Acta Crystallographica [Copenhagen]. Section A: Crystal Physics, Diffraction, Theoretical and General Crystallography. Section B: Structural Crystallography and Crystal Chemistry	Acta crystallogr. [Copenhagen]	1565
Acta Crystallographica [Copenhagen]. a)... Section A: Crystal Physics, Diffraction, Theoretical and General Crystallography b)... Section B: Structural Crystallography and Crystal Chemistry - Bis Band 23, Nr. 6 (1967): Acta Crystallographica [Copenhagen]	Acta crystallogr. [Copenhagen], Sect. A Sect. B	1565 a+b
Acta Endocrinologica [Copenhagen]	Acta endocrinol. [Copenhagen]	1801
Acta Endocrinologica [Copenhagen]. Supplementum	Acta endocrinol. [Copenhagen], Suppl.	1801a
Acta Facultatis Pharmaceuticae Bohemoslovenicae	Acta Fac. pharmac. bohemosloven.	4095
Acta Histochemica [Jena]	Acta histochem. [Jena]	1906
Acta Isotopica [Padova]	Acta isotop. [Padova]	2402
Acta Medica Academiae Scientiarum Hungaricae	Acta med. Acad. Sci. hung.	1689
Acta Medicinae Okayama	Acta med. Okayama	414
Acta Metallurgica [Long Island City, N. Y.] - Bis Band 15, Nr. 12 (1967): Acta Metallurgica [New York]	Acta metallurg. [Long Island City, N. Y.]	3932
Acta Metallurgica [New York] - Ab Band 16, Nr. 1 (1968): Acta Metallurgica [Long Island City, N. Y.]	Acta metallurg. [New York]	3932
Acta Microbiologica Academiae Scientiarum Hungaricae	Acta microbiol. Acad. Sci. hung.	1922
Acta Microbiologica Polonica	Acta microbiol. polon.	1972
Acta Pathologica et Microbiologica Scandinavica	Acta pathol. microbiol. scand.	799
Acta Pathologica et Microbiologica Scandinavica. Supplementum	Acta pathol. microbiol. scand., Suppl.	799a
Acta Pharmaceutica Hungarica	Acta pharmac. hung.	257
Acta Pharmaceutica Jugoslavica	Acta pharmac. jugosl.	1730
Acta Pharmaceutica Suecica - Supplement zu: Svensk Farmaceutisk Tidskrift	Acta pharmac. suecica	349a
Acta Pharmacologica et Toxicologica [København]	Acta pharmacol. toxicol. [Kobenhavn]	1569
Acta Pharmacologica et Toxicologica [København]. Supplementum	Acta pharmacol. toxicol. [Kobenhavn], Suppl.	1569a
Acta Physica Academiae Scientiarum Hungaricae	Acta physica Acad. Sci. hung.	1690
Acta Physica Austriaca	Acta physica austriaca	1597

Acta Physica Polonica	Acta physica polon.	347
Acta Physiologica Academiae Scientiarum Hungaricae	Acta physiol. Acad. Sci. hung.	1691
Acta Physiologica et Pharmacologica Neerlandica	Acta physiol. pharmacol. neerl.	667
Acta Physiologica Scandinavica	Acta physiol. scand.	1403
Acta Physiologica Scandinavica. Supplementum	Acta physiol. scand., Suppl.	1403a
Acta Phytopathologica Academiae Scientiarum Hungaricae	Acta phytopathol. Acad. Sci. hung.	4357
Acta Poloniae Pharmaceutica	Acta polon. pharmac.	1151a
Acta Polytechnica Scandinavica. a)... Chemistry Including Metallurgy Series c)... Electrical Engineering Series f)... Mathematics and Computing Machinery Series	Acta polytechn. scand., Chem. includ. Metallurgy Ser. electr. Engng. Ser. Math. comput. Machinery Ser.	1640 a, c, f
Acta Radiologica [Stockholm]. Supplementum	Acta radiol. [Stockholm], Suppl.	1540a
Acta Radiologica [Stockholm]. Therapy, Physics, Biology	Acta radiol. [Stockholm], Therapy, Physics, Biol.	1540c
Acta Scholae Medicinalis Universitatis in Kioto	Acta Scholae med. Univ. Kioto	10
Acta Societatis Medicorum Upsaliensis	Acta Soc. med. Upsaliensis	1093
Acta Societatis Medicorum Upsaliensis. Supplementum	Acta Soc. med. Upsaliensis, Suppl.	1093a
Acta Technica Academiae Scientiarum Hungaricae	Acta techn. Acad. Sci. hung.	1692
Acta Universitatis Lundensis. Sectio II. Medica, Mathematica, Scientiae Rerum Naturalium	Acta Univ. Lundensis, Sect. II	2384
Acta Universitatis Palackianae Olomucensis Facultatis Medicae	Acta Univ. Palackianae Olomucensis Fac. Med.	4124
Acta Universitatis Szegediensis. Acta Biologica	Acta Univ. Szegediensis, Acta biol.	4126
Acta Universitatis Szegediensis. Acta Mineralogica-Petrographica	Acta Univ. Szegediensis, Acta mineralog.-petrogr.	1484
Acta Universitatis Szegediensis. Acta Physica et Chemica	Acta Univ. Szegediensis, Acta physica chem.	703
Acustica [Stuttgart] - Mit: Akustische Beihefte	Acustica [Stuttgart]	3842
Adhäsion	Adhäsion	4077
Advanced Energy Conversion	Advanced Energy Convers.	5885
Advances in Agronomy	Advances in Agronomy	1893
Advances in Cancer Research	Advances Cancer Res.	1774
Advances in Carbohydrate Chemistry		1642
Advances in Catalysis and Related Subjects		1894
Advances in Chemistry Series	Advances Chem. Ser.	1784
Advances in Clinical Chemistry		2361
Advances in Colloid and Interface Science [Amsterdam]		4383
Advances in Drug Research		2379

Advances in Electrochemistry and Electrochemical Engineering	Advances Electrochem. electrochem. Engng.	4335
Advances in Enzymology and Related Areas of Molecular Biology		1433
Advances in Food Research		1895
Advances in Mass Spectrometry	Advances Mass Spectrometry	4343
Advances in Molecular Relaxation Processes [Amsterdam]	Advances molecular Relaxat. Processes [Amsterdam]	4453
Advances in Pharmaceutical Sciences		2483
Advances in Physical Organic Chemistry		2335
Advances in Physics - Supplement zu: Philosophical Magazine	Advances in Physics	289a
Advances in Polymer Science [Berlin]		4104
Advances in Protein Chemistry		1537
Advances in Quantum Chemistry		2452
Advances in Virus Research	Advances Virus Res.	1930
Advances in X-Ray Analysis	Advances X-Ray Analysis	2517
Ärztliche Forschung	Ärztl. Forsch.	3717
Ärztliche Laboratorium, Das	Ärztl. Lab.	2504
Afinidad	Afinidad	2948
Agressologie [Paris]	Agressologie [Paris]	4223
Agricultura [Louvain]	Agricultura [Louvain]	941
Agricultural and Biological Chemistry [Tokyo] - Enthält "Abstracts" der im: Journal of the Agricultural Chemical Society of Japan, veröffentlichten japanischen Originalarbeiten	Agric. biol. Chem. [Tokyo]	445a
Agrochimica [Pisa] - Mit Supplement: Atti del Simposio Internazionale di Agrochimica	Agrochimica [Pisa]	2150
Agrochimija	Agrochimija	412r
Agronomy Journal	Agronomy J.	429
AIAA Journal [American Institute of Aeronautics and Astronautics]	AIAA Journal	3465
A.I.Ch.E.Journal [American Institute of Chemical Engineers]	A.I.Ch.E.Journal	4217
Akademija Nauk Kazachskoj SSR, Trudy Instituta Chimičeskich Nauk	Akad. Nauk Kaz. SSR, Trudy Inst. chim. Nauk	448r
Akademija Nauk SSSR. Institut Kristallografii. Rost Kristallov	Akad. Nauk SSSR, Inst. Kristallografii, Rost Kristallov	455r
Akustičeskij Žurnal	Akustičeskij Ž.	576r
Alkaloids. Chemistry and Physiology		2482
Allgemeine und Praktische Chemie [Wien]	Allg. prakt. Chem. [Wien]	3853
Alluminio - Nuova Metallurgia	Alluminio - nuova Metallurgia	3043
Aluminium	Aluminium	2607
American Ceramic Society Bulletin	Amer. ceram. Soc. Bull.	434

American Dyestuff Reporter - Mit Sonderteil: Proceedings of the American Association of Textile Chemists and Colorists	Amer. Dyestuff Reporter	2608
American Industrial Hygiene Association Journal	Amer. ind. Hyg. Assoc. J.	1649
American Journal of Botany	Amer. J. Bot.	506
American Journal of Clinical Nutrition	Amer. J. clin. Nutrit.	1824
American Journal of the Medical Sciences	Amer. J. med. Sci.	17
American Journal of Ophthalmology	Amer. J. Ophthalmol.	915
American Journal of Physics	Amer. J. Physics	1617
American Journal of Physiology	Amer. J. Physiol.	14
American Journal of Science	Amer. J. Sci.	16
American Journal of Science, Radiocarbon Supplement	Amer. J. Sci., Radiocarbon Suppl.	16a
American Mineralogist	Amer. Mineralogist	18
American Perfumer and Cosmetics	Amer. Perfumer Cosmetics	2612
American Potato Journal	Amer. Potato J.	823
American Society of Brewing Chemists. Proceedings. Annual Meeting	Amer. Soc. Brewing Chemists, Proc., annu. Meeting	2324
Amino Acid and Nucleic Acid [Tokyo]	Amino Acid nucleic Acid [Tokyo]	4483
Anais da Academia Brasileira de Ciências	An. Acad. brasil. Ci.	435
Analele Ştiinţifice ale Universităţii "Al. I. Cuza" din Iaşi (Annales Scientifiques de l'Université "Al. I. Cuza" - Jassy). Secţiunea I: c. Chimie	An. ştiinţ. Univ. "Al. I. Cuza" Iaşi, Secţ. I, c	$40a_3$
Analele Universităţii Bucureşti. Seria Ştiinţele Naturii (Annalen der Universität Bukarest. Naturwissenschaftliche Serie). b)... Chimie (Chemie) d_1).. Fizică (Physik)	An. Univ. Bucureşti, Ser. Ştiinţ. naturii, Chim. Fizică	1997 b, d_1
Anales de la Asociación Química Argentina	An. Asoc. quím. argent.	21
Anales de Bromatologia [Madrid]	An. Bromatol. [Madrid]	2176
Anales de la Real Academia de Farmacia	An. Real Acad. Farmac.	686
Analyst - Mit Beilage: Proceedings of the Society for Analytical Chemistry	Analyst	25
Analytica Chimica Acta [Amsterdam]	Analytica chim. Acta [Amsterdam]	1545
Analytical Biochemistry [New York]	Analyt. Biochem. [New York]	4204
Analytical Chemistry	Analytic. Chem.	2744a
Analytical Letters	Analyt. Letters	4489
Analytische Chemie in der Erzeugenden und Verarbeitenden Hüttenindustrie		4456
Anesthesia and Analgesia. Current Researches	Anesthesia Analgesia, current Res.	417
Anesthésie, Analgésie et Réanimation	Anesthésie, Analgésie Réanimat.	1168

Anesthesiology	Anesthesiology	1697
Angewandte Chemie - Mit Sonderteil: Nachrichten aus Chemie und Technik	Angew. Chem.	2924
Angewandte Chemie. International Edition	Angew. Chem., int. Edit.	2924b
Angewandte Makromolekulare Chemie [Basel]	Angew. makromolekulare Chem. [Basel]	4460
Annalen der Physik	Ann. Physik	27
Annales Agriculturae Fenniae	Ann. Agric. fenn.	2354
Annales Agriculturae Fenniae. Supplementum	Ann. Agric. fenn., Suppl.	2354a
Annales Agronomiques	Ann. agronom.	30a
Annales d'Astrophysique	Ann. Astrophysique	3901
Annales de Biologie Clinique	Ann. Biol. clin.	4093
Annales de Chimie	Ann. Chimie	28
Annales d'Endocrinologie	Ann. d'Endocrinol.	595
Annales de Géophysique	Ann. Géophysique	3900
Annales d'Histochimie	Ann. Histochim.	4315
Annales de l'Institut Pasteur	Ann. Inst. Pasteur	32
Annales Medicinae Experimentalis et Biologiae Fenniae	Ann. Med. exp. Biol. fenn.	1319a
Annales de Médecine Légale, Criminologie, Police Scientifique et Toxicologie	Ann. Méd. Légale, Criminol., Police sci. Toxicol.	498
Annales Pharmaceutiques Françaises	Ann. pharmac. franç.	188
Annales de Physiologie Végétale	Ann. Physiol. végét.	30f
Annales de Physique	Ann. Physique	35
Annales Scientifiques de l'Université de Besançon. Chimie	Ann. sci. Univ. Besancon, Chim.	2186a
Annales de la Société Géologique de Belgique - Bis Band 90, Nr. 7/10 bzw. Band 10 (1966/67): Annales de la Société Géologique de Belgique. Bulletin bzw. Mémoires	Ann. Soc. géol. Belgique	631
Annales de la Société Géologique de Belgique. a)...Bulletin b)...Mémoires - Ab Band 91 (1968): Annales de la Société Géologique de Belgique	Ann. Soc. géol. Belgique, Bull. Mém.	631 a+b
Annales de la Société Scientifique de Bruxelles. Série I: Sciences Mathématiques Astronomiques et Physiques	Ann. Soc. sci. Bruxelles, Sér. I	31a
Annales Universitatis Mariae Curie-Skłodowska. a)...Sectio AA. Physica et Chemia d)...Sectio DD. Medicina Veterinaria e)...Sectio E. Agricultura	Ann. Univ. Mariae Curie-Skłodowska, Sect. AA Sect. DD Sect. E	2127 a, d, e
Annales Universitatis Saraviensis. Reihe: Mathematisch-Naturwissenschaftliche Fakultät	Ann. Univ. Saraviensis, R.: math.-naturwiss. Fak.	1732

Annales Universitatis Scientiarum Budapestinensis de Rolando Eötvös Nominatae, Sectio Chimica	Ann. Univ. Sci. Budapestinensis Rolando Eötvös nominatae, Sect. Chim.	2231
Annali di Chimica	Ann. Chimica	41
Annali dell'Istituto Superiore di Sanità	Ann. Ist. super. Sanità	2581
Annali di Microbiologia ed Enzimologia	Ann. Microbiol. Enzimol.	1400
Annals of Applied Biology	Ann. appl. Biol.	480
Annals of Botany	Ann. Botany	488
Annals of the Entomological Society of America	Ann. entomol. Soc. America	803
Annals of Internal Medicine	Ann. intern. Med.	502
Annals of the New York Academy of Sciences	Ann. New York Acad. Sci.	1829
Annals of Physics	Ann. Physics	2138
Annals of Tropical Medicine and Parasitology	Ann. trop. Med. Parasitol.	930
Annual Report of the Agricultural and Horticultural Research Station (The National Fruit and Cider Institute), Long Ashton, Bristol	Annu. Rep. agric. horticult. Res. Stat., Long Ashton, Bristol	954
Annual Report, East Malling Research Station, Maidstone, Kent	Annu. Rep., East Malling Res. Stat., Maidstone, Kent	837
Annual Report of Shionogi Research Laboratory [Osaka]	Annu. Rep. Shionogi Res. Lab. [Osaka]	1717
Annual Reports on the Progress of Chemistry	Annu. Rep. Progr. Chem.	45
Annual Reports of the Takeda Research Laboratories	Annu. Rep. Takeda Res. Lab.	2023
Annual Report of the Tokyo College of Pharmacy	Annu. Rep. Tokyo Coll. Pharmacy	1986
Annual Review of Biochemistry	Annu. Rev. Biochem.	698
Annual Review of Medicine		1902
Annual Review of Microbiology		1682
Annual Review of Nuclear Science	Annu. Rev. nuclear Sci.	1871
Annual Review of Pharmacology		4214
Annual Review of Physical Chemistry		1889
Annual Review of Physiology		815
Annual Review of Plant Physiology		1875
Antibiotics [Berlin]		4444
Antibiotiki	Antibiotiki	331r
Anti-Corrosion. Methods and Materials	Anti-Corrosion, Methods Mater.	2114
Antimicrobial Agents and Chemotherapy		2304
Antonie van Leeuwenhoek	Antonie van Leeuwenhoek	1435
Anzeiger für Schädlingskunde Vereinigt mit Schädlingsbekämpfung	Anz. Schädlingskunde verein. Schädlingsbekämpf.	3292
APPITA - Journal of the Australian and New Zealand Pulp and Paper Industry Technical Association	APPITA - J. Austral. New Zealand Pulp Paper Ind. techn. Assoc.	1911

Applied Microbiology	Appl. Microbiol.	3921
Applied Optics	Appl. Optics	5955
Applied Physics Letters	Appl. Physics Letters	578a
Applied Polymer Symposia	Appl. Polymer Sympos.	1544a1
Applied Spectroscopy	Appl. Spectroscopy	3955
Applied Spectroscopy Reviews		4488
Arbeitsgemeinschaft für Forschung des Landes Nordrhein-Westfalen	Arbeitsgemeinsch. Forsch. Landes Nordrhein-Westfalen	1899
Arbeitsgemeinschaft Getreideforschung E.V. Berichte	Arbeitsgemeinsch. Getreideforsch. E.V., Ber.	4115
Archiv für das Eisenhüttenwesen	Arch. Eisenhüttenwes.	2619
Archives of Biochemistry and Biophysics	Arch. Biochem. Biophysics	1530
Archives de Biologie [Liège]	Arch. Biol. [Liège]	1864
Archives of Environmental Health	Arch. environment. Health	203
Archives Internationales de Pharmacodynamie et de Thérapie	Arch. int. Pharmacodynam. Thérap.	56
Archives Internationales de Physiology et de Biochimie	Arch. int. Physiol. Biochim.	57
Archives des Maladies Professionelles de Médecine du Travail et de Sécurité Sociale	Arch. Maladies profess. Méd. Travail Sécurité soc.	1550
Archives of Oral Biology	Arch. oral Biol.	2215
Archives of Pathology	Arch. Pathology	532
Archives des Sciences [Genève]	Arch. Sci. [Genève]	55
Archives des Sciences Physiologiques	Arch. Sci. physiol.	1908
Archiv für Geschwulstforschung	Arch. Geschwulstforsch.	1839
Archivio di Scienze Biologiche	Arch. Scienze biol.	63
Archiv für Meteorologie, Geophysik und Bioklimatologie [Wien]. Serie A Meteorologie und Geophysik	Arch. Meteorol., Geophysik, Bioklimatol. [Wien], Ser. A	1704a
Archiv für Mikrobiologie	Arch. Mikrobiol.	3
Archivos del Instituto de Farmacologia Experimental (Medicina)	Arch. Inst. Farmacol. exp. (Med.)	4252
Archiv der Pharmazie und Berichte der Deutschen Pharmazeutischen Gesellschaft - Mit Beilage: Mitteilungen der Deutschen Pharmazeutischen Gesellschaft und der Pharmazeutischen Gesellschaft der DDR	Arch. Pharmaz.	47
Archiv für Technisches Messen und Industrielle Messtechnik	Arch. techn. Messen ind. Messtechn.	3028
Archiv für Toxikologie	Arch. Toxikol.	357
Archivum Hutnictwa (Archiv für Hüttenwesen)	Arch. Hutnictwa	1968b
Archiwum Mineralogiczne [Warszawa] (Archiv für Mineralogie)	Arch. mineralog. [Warszawa]	705
Arhiv za Farmaciju (Archives de Pharmacie)	Arhiv Farmac.	2271
Arhiv za Higijenu Rada i Toksikologiju (Archiv für Arbeitshygiene und Toxikologie)	Arhiv Hig. Rada Toksikol.	1659

Arkiv för Fysik	Ark. Fysik	484c
Arkiv för Kemi	Ark. Kemi	64a
Arkiv för Mineralogi och Geologi	Ark. Mineralog. Geol.	64b
Armjanskij Chimičeskij Žurnal	Arm. chim. Ž.	301re
Arquivos Portugueses de Bioquímica	Arquivos portug. Bioquím.	4396
Arzneimittel-Forschung	Arzneimittel-Forsch.	3860
Arzneimittel-Forschung. Beihefte	Arzneimittel-Forsch., Beih.	3860a
Arzneimittelstandardisierung	Arzneimittelstandardisie-rung	4206
ASLE Transactions [American Society of Lubrication Engineers]	ASLE Trans.	5798
Astronomičeskij Žurnal	Astronomičeskij Ž.	151r
Astrophysical Journal	Astrophysic. J.	65
Astrophysica Norvegica	Astrophysica norvegica	1339
Atmospheric Environment	Atmospheric Environment	4355
Atomic Absorption Newsletter	Atomic Absorpt. Newsletter	4415
Atomic Energy Review [Wien]	Atomic Energy Rev. [Wien]	2315
Atomkernenergie	Atomkernenergie	5387
Atomki Közlemények (Atom-Mitteilungen)	Atomki Közlemények [Atom-Mitt.]	2439
Atomnaja Energija	Atom. Ėnerg.	330r
Atompraxis - Mit Sonderteil: Direct Information	Atompraxis	5385
Atomwirtschaft	Atomwirtschaft	5384
Atti della Accademia Nazionale dei Lincei. Memorie. Classe di Scienze Fisiche, Matematiche e Naturali. a)...Sezione Ia (Matematica, Meccanica, Astronomia, Geodesia e Geofisica) b)...Sezione IIa (Fisica, Mineralogia)	Atti Accad. naz. Lincei, Mem., Cl. Sci. fisiche, mat. natur., Sez. Ia Sez. IIa	3551 a+b
Atti della Accademia Nazionale dei Lincei. Rendiconti. Classe di Scienze Fisiche, Matematiche e Naturali	Atti Accad. naz. Lincei, Rend., Cl. Sci. fisiche, mat. natur.	2622
Atti della Accademia di Scienze Lettere e Arti di Palermo	Atti Accad. Sci. Lettere Arti Palermo	2214
Atti della Fondazione Giorgio Ronchi e Contributi dell'Istituto Nazionale di Ottica	Atti Fondaz. Giorgio Ronchi Contr. Ist. naz. Ottica	5307
Atti e Memorie, Accademia Nazionale di Scienze, Lettere e Arti di Modena	Atti Mem., Accad. naz. Sci., Lettere Arti Mo-dena	1141
Atti della Società dei Naturalisti e Matematici di Modena	Atti Soc. Naturalisti Matematici Modena	1192
Atti della Società Peloritana di Scienze Fisiche, Matematiche e Naturali	Atti Soc. Peloritana Sci. fisiche, mat. natur.	2161
Auer-Mitteilungsblätter (im Lose-Blatt-System)	Auer-Mitteilungsbl.	2719
Aufbereitungs-Technik	Aufbereit.-Techn.	5613
Australasian Institute of Mining and Metallurgy. Proceedings	Australas. Inst. Mining Metallurgy, Proc.	668

Australian Journal of Agricultural Research	Austral. J. agric. Res.	1718
Australian Journal of Chemistry	Austral. J. Chem.	1721a
Australian Journal of Experimental Agriculture and Animal Husbandry	Austral. J. exp. Agric. animal Husbandry	4246
Australian Journal of Experimental Biology and Medical Science	Austral. J. exp. Biol. med. Sci.	67
Australian Plastics and Rubber Journal	Austral. Plastics Rubber J.	1599
Azerbajdžanskij Chimičeskij Žurnal	Azerbajdžanskij chim. Ž.	407r
Azerbajdžanskoe Neftjanoe Chozjajstvo	Azerbajdžanskoe neftjanoe Choz.	21r

Bacteriological Reviews		1112
Bäcker und Konditor	Bäcker u. Konditor	3878a
Bakers Digest	Bakers Digest	3276
Bányászati és Kohászati Lapok. Kohászat (Zeitschrift für Bergbau und Hüttenwesen. Hüttenwesen) - Bis Band 100, Nr. 12 (1967): Kohászati Lapok - Mit Sonderteil: Öntöde (Giesserei)	Bányászati Kohászati Lapok, Kohászat [Z. Bergbau Hüttenwes., Hüttenwes.]	3197b
Bayer Farben-Revue	Bayer Farben-Rev.	4291
Bayerisches Landwirtschaftliches Jahrbuch	Bayer. landwirtsch. Jb.	1610
Beckman Report [München] (Beckman Instruments GmbH)	Beckman Rep. [München]	2362
Beihefte zur Internationalen Zeitschrift für Vitaminforschung [Bern]	Beih. int. Z. Vitaminforsch. [Bern]	387a
Beiträge aus der Plasmaphysik	Beitr. Plasmaphysik	2230
Beiträge zur Tabakforschung	Beitr. Tabakforsch.	2285
Benzole Producers Limited. Research Paper	Benzole Producers Ltd., Res. Pap.	2492
Bergakademie [Freiberg] - Mit Beiheften: Freiberger Forschungshefte. Reihe A, B, C	Bergakademie [Freiberg]	3873
Berg- und Hüttenmännische Monatshefte [Wien]	Berg- u. hüttenmänn. Mh. [Wien]	2624
Berichte der Bunsengesellschaft für Physikalische Chemie Früher Zeitschrift für Elektrochemie	Ber. Bunsenges. physik. Chem.	2933
Berichte der Deutschen Keramischen Gesellschaft	Ber. dtsch. keram. Ges.	73
Berichte des Instituts für Tabakforschung Dresden	Ber. Inst. Tabakforsch. Dresden	1872
Berichte des Ōhara Instituts für Landwirtschaftliche Biologie, Okayama Universität	Ber. Ōhara Inst. landwirtsch. Biol., Okayama Univ.	75
Betonstein-Zeitung - Mit Beilage: Steine und Erden	Betonstein-Ztg.	3437

Beton i Železobeton	Beton i Železobeton	322r
Biken Journal [Osaka] (Journal of the Research Institute for Microbial Diseases	Biken J. [Osaka]	2446
Bild und Ton	Bild u. Ton	3800
Biochemical and Biophysical Research Communications	Biochem. biophysic. Res. Commun.	4160
Biochemical Journal - Mit Sonderteilen: 1) Short Communications und 2) Proceedings of the Biochemical Society	Biochem. J.	79
Biochemical Pharmacology	Biochem. Pharmacol.	4131
Biochemical Society Symposia	Biochem. Soc. Symposia	1581
Biochemistry [Washington]	Biochemistry [Washington]	4265
Biochemistry of Chloroplasts		4421
Biochimica Applicata [Parma]	Biochim. appl. [Parma]	2329
Biochimica e Biologia Sperimentale	Biochim. Biol. sperim.	2466
Biochimica et Biophysica Acta [Amsterdam]	Biochim. biophysica Acta [Amsterdam]	1528
Biochimija	Biochimija	114r
Biofizika	Biofizika	358r
Biologia Plantarum [Praha]	Biol. Plantarum [Praha]	4108
Biological Bulletin	Biol. Bull.	82
Biological Reviews of the Cambridge Philosophical Society	Biol. Rev. Cambridge philos. Soc.	69
Biologičeskij Žurnal Armenii	Biol. Ž. Armenii	301ra
Biologisches Zentralblatt	Biol. Zbl.	83
Biopolymers	Biopolymers	1544e
Biotechnology and Bioengineering	Biotechnol. and Bioengng.	4105
Bitumen, Teere, Asphalte, Peche und Verwandte Stoffe	Bitumen, Teere, Asphalte, Peche verwandte Stoffe	3848
Biuletyn Wojskowej Akademii Technicznej Im. Jarosława Dąbrowskiego (Zeitschrift der Militärtechnischen Akademie Jarosław Dąbrowski)	Biul. wojskowej Akad. techn. im. Jarosława Dąbrowskiego	2409
Bjulleten' Ėksperimental'noj Biologii i Mediciny	Bjull. ėksper. Biol. Med.	130r
Blood	Blood	1592
Bodenkultur [Wien]	Bodenkultur [Wien]	4086a
Boletín del Instituto de Química de la Universidad Nacional Autonoma de México	Bol. Inst. Quím. Univ. nac. autonoma México	4186
Boletín de la Sociedad Española de Cerámica	Bol. Soc. españ. Cerám.	2594
Bollettino Chimico Farmaceutico	Boll. chim. farmac.	87
Bollettino dei Laboratori Chimici Provinciali	Boll. Lab. chim. provinc.	2203
Bollettino Scientifico della Facoltà di Chimica Industriale di Bologna	Boll. sci. Fac. Chim. ind. Bologna	2947
Bollettino della Società Italiana di Biologia Sperimentale	Boll. Soc. ital. Biol. sperim.	504

Bosch Technische Berichte	Bosch techn. Ber.	6055
Botanical Gazette	Bot. Gaz.	91
Botyu-Kagaku (Scientific Pest Control)	Botyu-Kagaku [Sci. Pest Control]	1882
Brain Research [Amsterdam]	Brain Res. [Amsterdam]	4317
Branntweinwirtschaft - Mit Beilage: Destillateur-Lehrling	Branntweinwirtschaft	2939
Brennstoff-Chemie - Mit: Wirtschaftsteil und Teil "Technische Umschau"	Brennstoff-Chem.	2631
Brennstoff. Wärme. Kraft	Brennstoff. Wärme. Kraft	3630
British Ceramic Research Association. Use of Ceramics in Valves. Proceedings of a Symposium, Stoke-on-Trent 1965	Brit. ceram. Res. Assoc., Use Ceramics Valves, Proc. Sympos., Stoke-on-Trent 1965	4450
British Chemical Engineering	Brit. chem. Engng.	4045
British Corrosion Journal	Brit. Corrosion J.	4327
British Foundryman	Brit. Foundryman	845
British Journal of Anaesthesia	Brit. J. Anaesthesia	70
British Journal of Applied Physics - Ab 1968 (Serie 2, Band 1, Nr. 1): Journal of Physics. D (British Journal of Applied Physics)	Brit. J. appl. Physics	3817
British Journal of Cancer	Brit. J. Cancer	1681
British Journal of Haematology	Brit. J. Haematol.	2111
British Journal of Pharmacology and Chemotherapy	Brit. J. Pharmacol. Chemotherapy	1505
British Journal of Photography	Brit. J. Photogr.	2635
British Medical Bulletin	Brit. med. Bull.	3949
British Plastics	Brit. Plastics	2954
Buletini i Shkencave Bujqësore (Bulletin der Landwirtschaftswissenschaft)	Bul. Shkencave bujqësore [Bull. Landwirtsch.-Wiss.]	4420
Buletinul Institutului Politehnic "Gheorghe Gheorghiu-Dej" Bucureşti	Bul. Inst. Politehn. "Gheorghe Gheorghiu-Dej" Bucureşti	4147
Buletinul Institutului Politehnic din Iaşi (Bulletin of the Polytechnic Institute of Jassy)	Bul. Inst. Politehn. Iaşi	1651
Buletinul Ştiinţific şi Tehnic al Institutului Politehnic Timişoara (Bulletin Scientifique et Technique de l'Institut Polytechnique de Timişoara)	Bul. ştiinţ. tehn. Inst. Politehn. Timişoara	657
Bulletin de l'Académie Polonaise des Sciences.	Bull. Acad. polon. Sci.,	1797a
a)... Série des Sciences Biologiques	Sér. Sci. biol.	b_1, b_2, d
b_1).. Série des Sciences Chimiques	Sér. Sci. chim.	
b_2).. Série des Sciences Géologiques et Géographiques	Sér. Sci. géol. géogr.	
d)... Série des Sciences Mathématiques, Astronomiques et Physiques	Sér. Sci. math., astronom. physiques	
Bulletin des Anciens Élèves de l'École Française de Meunerie	Bull. anciens Élèves École franç. Meunerie	890

Bulletin de l'Association Royale des Anciens Étudiants en Brasserie de l'Université de Louvain	Bull. Assoc. roy. anciens Étudiants Brasserie Univ. Louvain	413
Bulletin of the Astronomical Institutes of Czechoslovakia	Bull. astronom. Inst. Czechoslovakia	4144
Bulletin of the Boris Kidrič Institute of Nuclear Sciences	Bull. Boris Kidrič Inst. nuclear Sci.	1773
Bulletin du Cancer	Bull. Cancer	835
Bulletin of the Chemical Society of Japan	Bull. chem. Soc. Japan	115
Bulletin de la Classe des Sciences, Académie Royale de Belgique	Bull. Cl. Sci., Acad. roy. Belgique	98
Bulletin de la Commission Géologique de Finlande	Bull. Commiss. géol. Finlande	505
Bulletin de la Direction des Études et Recherches. Série A: Nucléaire - Hydraulique - Thermique	Bull. Direct. Études Rech., Sér. A	5717
Bulletin of Environmental Contamination and Toxicology	Bull. environment. Contaminat. Toxicol.	4333
Bulletin of Fukuoka University of Education. Part III. Natural Sciences	Bull. Fukuoka Univ. Educat., Part III	2332
Bulletin of the Geological Institutions of the University of Uppsala	Bull. geol. Instn. Univ. Uppsala	795
Bulletin d'Informations Scientifiques et Techniques. Commissariat à l'Énergie Atomique	Bull. Inform. sci. techn., Commissariat Énergie atom.	5643
Bulletin of the Institute for Chemical Research, Kyoto University	Bull. Inst. chem. Res., Kyoto Univ.	1628
Bulletin de l'Institut Textile de France	Bull. Inst. Textile France	2052
Bulletin of the Japan Petroleum Institute	Bull. Japan Petroleum Inst.	4283
Bulletin of Nagoya Institute of Technology	Bull. Nagoya Inst. Technol.	2257
Bulletin of the National Institute of Agricultural Sciences [Tokyo].	Bull. nat. Inst. agric. Sci. [Tokyo],	975 b-d
b)... Series B (Soils and Fertilizers)	Ser. B	
c)... Series C (Plant Pathology and Entomology)	Ser. C	
d)... Series D (Plant Physiology, Genetics and Crops in General)	Ser. D	
Bulletin of the National Institute of Animal Industry [Chiba, Japan]	Bull. nat. Inst. Animal Ind. [Chiba, Japan]	2300
Bulletin des Recherches Agronomiques de Gembloux	Bull. Rech. agronom. Gembloux	2582
Bulletin of the Research Institute of Mineral Dressing and Metallurgy. Tohoku University	Bull. Res. Inst. Mineral Dressing Metallurgy, Tohoku Univ.	2132
Bulletin Scientifique [Zagreb]. Section A: Sciences Naturelles, Techniques et Médicales	Bull. sci. [Zagreb], Sect. A	3960
Bulletin de la Société de Chimie Biologique	Bull. Soc. Chim. biol.	102
Bulletin de la Société Chimique de France	Bull. Soc. chim. France	101

Bulletin de la Société Française de Céramique - Mit Supplement: Mémoires de la Société Française de Céramique	Bull. Soc. franç. Céram.	3826
Bulletin de la Société Française de Minéralogie et de Cristallographie	Bull. Soc. franç. Mineralog. Cristallogr.	104
Bulletin de la Société Géologique de France	Bull. Soc. géol. France	896a
Bulletin de la Société de Pharmacie de Bordeaux	Bull. Soc. Pharmac. Bordeaux	110
Bulletin de la Société Royale des Sciences de Liège	Bull. Soc. roy. Sci. Liège	1338
Bulletin des Sociétés Chimiques Belges	Bull. Soc. chim. belges	100
Bulletin of the Tokyo Institute of Technology	Bull. Tokyo Inst. Technol.	1353
Bulletin of University of Osaka Prefecture. Series A. Engineering and Natural Sciences	Bull. Univ. Osaka Prefect., Ser.A	4136
Bulletin Volcanologique [Napoli]	Bull. volcanol. [Napoli]	1128
Bumažnaja Promyšlennost'	Bumaž. Prom.	62r
Cahiers de Physique	Cahiers de Physique	1683
Calore - Mit Beilage: Bolletino per gli Operai Adetti agli Impianti Termici	Calore	3395
Canadian Journal of Biochemistry	Canad. J. Biochem.	404e
Canadian Journal of Chemical Engineering	Canad. J. chem. Engng.	404f
Canadian Journal of Chemistry	Canad. J. Chem.	404b
Canadian Journal of Earth Sciences	Canad. J. Earth Sci.	2450
Canadian Journal of Microbiology	Canad. J. Microbiol.	404g
Canadian Journal of Physics	Canad. J. Physics	404a
Canadian Journal of Physiology and Pharmacology	Canad. J. Physiol. Pharmacol.	2343
Canadian Journal of Plant Science	Canad. J. Plant Sci.	335b
Canadian Journal of Soil Science	Canad. J. Soil Sci.	335c
Canadian Metallurgical Quarterly	Canad. metallurg. Quart.	2429
Canadian Mineralogist	Canad. Mineralogist	4222
Canadian Mining Journal	Canad. Mining J.	2643
Canadian Mining and Metallurgical Bulletin	Canad. Mining metallurg. Bull.	402
Canadian Spectroscopy	Canad. Spectroscopy	2456
Cancer [Philadelphia]	Cancer [Philadelphia]	1851
Cancer Research	Cancer Res.	1633
Carbohydrate Research [Amsterdam]	Carbohydrate Res. [Amsterdam]	2489
Carbon [Oxford]	Carbon [Oxford]	2286

Časopis pro Mineralogii a Geologii (Zeitschrift für Mineralogie und Geologie)	Časopis Mineralog. Geol.	2076
Cebelcor Rapport Technique [Centre Belge d'Étude de la Corrosion]	Cebelcor, Rapp. techn.	4004
Cellulose Chemistry and Technology [Iaşi]	Cellulose Chem. Technol. [Iaşi]	4373
Celuloză şi Hîrtie (Zellulose und Papier)	Celuloză şi Hîrtie	3961b
Cement [Leningrad]	Cement [Leningrad]	82r
Cement [Zagreb]	Cement [Zagreb]	2431
Cement, Lime & Gravel	Cement, Lime Gravel	2946
Cement - Wapno - Gips (Zement - Kalk - Gips)	Cement-Wapno-Gips	4017
Central Glass & Ceramic Research Institute, Bulletin [Calcutta]	Centr. Glass ceram. Res. Inst., Bull. [Calcutta]	4207
Central Mining Institute. Annual Report [Katowice]	Centr. Mining Inst., annu. Rep. [Katowice]	2558
Cereal Chemistry	Cereal Chem.	129
Cereal Science Today	Cereal Sci. today	4046
Československá Dermatologie	Českoslov. Dermatol.	939
Československá Farmacie	Českoslov. Farmac.	1736
Československý Časopis pro Fysiku. Sekce A (Tschechoslowakische Zeitschrift für Physik. Sektion A)	Českoslov. Časopis Fysiku, Sekce A	1949
Chalmers Tekniska Högskolas Handlingar	Chalmers Tekn. Högskolas Handl.	1450
Charčova Promislovist'	Charčova Prom.	420r
Chemia Analityczna [Warszawa]	Chem. analit. [Warszawa]	4091
Chemia Stosowana (Angewandte Chemie). a)... Seria A b)... Seria B	Chem. stosowana, Ser. A Ser. B	2115 a+b
Chemical Communications	Chem. Commun.	2401
Chemical Engineering	Chem. Engng.	2650
Chemical Engineering Progress	Chem. Engng. Progr.	3760
Chemical Engineering Science	Chem. Engng. Sci.	3734
Chemical Engineer. Transactions of the Institution of Chemical Engineers	Chem. Engr., Trans. Instn. chem. Engr.	361
Chemical Geology [Amsterdam]	Chem. Geol. [Amsterdam]	4360
Chemical and Pharmaceutical Bulletin [Tokyo]	Chem. pharmac. Bull. [Tokyo]	1913
Chemical Physics Letters [Amsterdam]	Chem. Physics Letters [Amsterdam]	4365
Chemical & Process Engineering	Chem. Process Engng.	3843
Chemical Reviews	Chem. Reviews	132
Chemické Listy (Chemische Blätter)	Chem. Listy	2657
Chemické Zvesti (Chemische Nachrichten)	Chem. Zvesti	1783
Chemický Průmysl (Chemische Industrie)	Chem. Průmysl	2658
Chemie der Erde	Chem. d. Erde	133
Chemiefasern	Chemiefasern	3852

Chemie-Ingenieur-Technik	Chemie-Ing.-Techn.	2661
Chemik [Warszawa] (Chemiker)	Chemik [Warszawa]	4007
Chemiker-Zeitung - Chemische Apparatur - Mit den Sonderteilen: 1) Chemie-Börse und 2) Chemikalienmarkt und Unfallschutz im Chemiebetrieb	Chemiker-Ztg. - Chem. Apparatur	2659
Chemische Berichte	Chem. Ber.	72
Chemische Industrie. Jahrbuch [Solothurn]	Chem. Ind., Jb. [Solothurn]	3953
Chemische Technik	Chem. Techn.	3807
Chemist-Analyst	Chemist-Analyst	136
Chemistry in Canada	Chem. in Canada	3898
Chemistry of High Polymers [Tokyo]	Chem. High Polymers [Tokyo]	1813
Chemistry and Industry	Chem. and Ind.	2762a
Chemistry in New Zealand. Journal of the New Zealand Institute of Chemistry - Bis Band 30, Nr. 6 (1966): Journal of the New Zealand Institute of Chemistry	Chem. in New Zealand, J. New Zealand Inst. Chem.	1197
Chemistry and Physics of Lipids [Amsterdam]	Chem. Physics Lipids [Amsterdam]	4446
Chemotherapia [Basel] - Ab Band 13, Nr. 1 (1968): Chemotherapy [Basel]	Chemotherapia [Basel]	4191
Chemotherapy [Basel] - Bis Band 12, Nr. 6 (1967): Chemotherapia [Basel]	Chemotherapy [Basel]	4191
Chimia [Aarau, Schweiz]	Chimia [Aarau, Schweiz]	3785
Chimica e l'Industria [Milano] - Mit Supplement: Quaderni dell'Ingegnere Chimico Italiano	Chim. e Ind. [Milano]	2727
Chimičeskaja Promyšlennost'	Chim. Prom.	13r
Chimičeskaja Promyšlennost' Ukrainy	Chim. Prom. Ukrainy	406r
Chimičeskoe i Neftjanoe Mašinostroenie	Chim. neftjanoe Mašinostroenie	79r
Chimie Analytique	Chim. analytique	29
Chimie et Industrie. Génie Chimique	Chim. Ind., Génie chim.	2669
Chimie des Peintures	Chim. Peintures	2655
Chimie et Technique	Chim. et Techn.	4013
Chimie Thérapeutique	Chim. thérapeut.	2575
Chimija Geterocikličeskich Soedinenij	Chim. geterocikličeskich Soedinenij	425r
Chimija Prirodnych Soedinenij	Chim. prirodnych Soedinenij	424r
Chimija v Sel'skom Chozjajstve	Chim. v sel'skom. Choz.	431r
Chimija i Technologija Topliv i Masel	Chim. Technol. Topliv Masel	335r
Chimija Vysokich Ėnergij	Chim. vysokich Ėnerg.	456r
Chimiko-Farmacevtičeskij Žurnal	Chim.-farm. Ž.	463r
Chlopkovodstvo	Chlopkovodstvo	262r

Cholodil'naja Technika	Cholod. Techn.	111r
Chromatographia [Braunschweig]	Chromatographia [Braunschweig]	4451
Chromatographic Reviews [Amsterdam]		2478
Chromatographic Science Series		4484
Ciba-Rundschau	Ciba-Rdsch.	1586
Ciencia [Mexico]	Ciencia [Mexico]	3624
Circulation [New York]	Circulation [New York]	1921
Citologija	Citologija	398r
Clay Minerals	Clay Minerals	2149
Clinica Chimica Acta [Amsterdam]	Clin. chim. Acta [Amsterdam]	1994
Clinical Chemistry [New York]	Clin. Chem. [New York]	4194
Clinical Pharmacology and Therapeutics	Clin. Pharmacol. Therapeutics	4241
Clinical Science	Clin. Sci.	929
Cold Spring Harbor Symposia on Quantitative Biology	Cold Spring Harbor Sympos. quantitat. Biol.	3491
Collection of Czechoslovak Chemical Communications	Collect. czechoslov. chem. Commun.	138
Colloquium der Gesellschaft für Physiologische Chemie in Mosbach/Baden	Colloquium Ges. physiol. Chem. Mosbach/Baden	4116
Colloquium Spectroscopicum Internationale	Colloquium spectroscop. int.	4409
Color Engineering	Color Engng.	2491
Combustion and Flame	Combust. and Flame	4088
Communication in Science: Documentation and Automation		4434
Comparative Biochemistry and Physiology	Comparat. Biochem. Physiol.	4200
Compte Rendu, Symposium sur la Surface du Verre et ses Traitements Modernes, Luxembourg 1967	C. R., Sympos. Surface Verre Traitements mod., Luxembourg 1967	4211
Comptes Rendus Hebdomadaires des Séances de l'Académie des Sciences. a)... Séries A et B: Sciences Mathématiques et Physiques b)... Série C: Sciences Chimiques c)... Série D: Sciences Naturelles	C. R. hebd. Séances Acad. Sci., Sér. A et B Sér. C Sér. D	2671 a-c
Comptes Rendus des Séances de la Société de Biologie et de ses Filiales	C. R. Séances Soc. Biol. Filiales	142
Comptes Rendus des Travaux du Laboratoire Carlsberg	C. R. Trav. Lab. Carlsberg	143
Conformation of Biopolymers	Conformat. Biopolymers	4464
Construcţia de Maşini (Maschinenbau)	Constructţ. Maşini	5543a
Constructiematerialen	Constructiematerialen	3234
Contemporary Physics	Contemporary Physics	2222
Contributions from Boyce Thompson Institute	Contr. Boyce Thompson Inst.	1077
Contributions to Mineralogy and Petrology [Berlin]	Contr. Mineralog. Petrol. [Berlin]	1525

Coordination Chemistry Reviews [Amsterdam]	Coordinat. Chem. Rev. [Amsterdam]	4354
Corrosion [Houston]	Corrosion [Houston]	3816
Corrosion Science	Corrosion Sci.	5725
Corrosion. Traitements - Protection - Finition	Corrosion, Traitements - Protect. - Finit.	3979
Croatica Chemica Acta	Croat. chem. Acta	1658
Cryogenics	Cryogenics	5740
Cuoio-Pelli-Materie Concianti	Cuoio-Pelli-Mater. concianti	90
Currents in Modern Biology [Amsterdam]	Currents mod. Biol. [Amsterdam]	4462
Cvetnye Metally	Cvetnye Metally	27r
Czechoslovak Journal of Physics. Section B	Czechoslov. J. Physics, Sect. B	2077

Dansk Kemi	Dansk Kemi	2769
Dechema Monographien		1355
Department of Energy, Mines and Resources. Geological Survey of Canada. b)... Bulletin c)... Economic Geology Report	Dep. Energy, Mines Resourc., geol. Surv. Canada, Bull. econ. Geol. Rep.	783 b, c
Department of Energy, Mines and Resources, Mines Branch, Ottawa. Research Report	Dep. Energy, Mines Resourc., Mines Branch, Ottawa, Res. Rep.	2467b
Desalination [Amsterdam]	Desalination [Amsterdam]	4323
Deutsche Apotheker-Zeitung Vereinigt mit Süddeutsche Apotheker-Zeitung - Mit den Beilagen: 1) Krankenhaus-Apotheke, 2) Zur Geschichte der Pharmazie, 3) Neue Arzneimittel und Spezialitäten, 4) Die Apothekenhelferin, 5) Praktikantenbriefe, 6) Das Aktuelle Schaufenster und 7) Apotheker und Kunst	Dtsch. Apotheker-Ztg.	2895
Deutsche Farben-Zeitschrift - Mit Beilage: Blätter für den Nachwuchs	Dtsch. Farben-Z.	3736
Deutsche Lebensmittel-Rundschau	Dtsch. Lebensmittel-Rdsch.	2683
Deutsche Luft- und Raumfahrt. a)... Forschungsbericht b)... Mitteilung	Dtsch. Luft- u. Raumfahrt, Forsch.-Ber. Mitt.	5822 a+b
Deutsche Medizinische Wochenschrift	Dtsch. med. Wschr.	2682
Deutsche Textiltechnik	Dtsch. Textiltechn.	3867
Deutsche Zeitschrift für die Gesamte Gerichtliche Medizin	Dtsch. Z. ges. gerichtl. Med.	149
DEW-Technische Berichte [Deutsche Edelstahlwerke]	DEW-techn. Ber.	5635
Dissertationes Pharmaceuticae et Pharmacologicae [Warszawa]	Dissertat. pharmac. pharmacol. [Warszawa]	2033
Doklady Akademii Nauk Armjanskoj SSR	Doklady Akad. Nauk Arm. SSR	304r

Doklady Akademii Nauk Azerbajdžanskoj SSR	Doklady Akad. Nauk Azerbajdž. SSR	308r
Doklady Akademii Nauk BSSR	Doklady Akad. Nauk BSSR	360r
Doklady Akademii Nauk SSSR	Doklady Akad. Nauk SSSR	12r
Doklady Akademii Nauk Tadžikskoj SSR	Doklady Akad. Nauk Tadž. SSR	461r
Doklady Bolgarskoj Akademii Nauk	Doklady bolgarskoj Akad. Nauk	305r
Dopovidi Akademiï Nauk Ukraïnskoï RSR.	Dopovidi Akad. Nauk Ukr. RSR,	201r a+b
a)... Serija A. Fiziko-Techničnі ta Matematičnі Nauki	Ser. A	
b)... Serija B. Geologija, Geofizika, Chimija ta Biologija	Ser. B	
Dyes and Chemicals Technical Bulletin (Du Pont)	Dyes Chemicals techn. Bull. (Du Pont)	3918
Earth and Planetary Science Letters [Amsterdam]	Earth Planetary Sci. Letters [Amsterdam]	4393
Economic Geology and the Bulletin of the Society of Economic Geologists	Econ. Geol.	425
Eczacilik Bülteni (Bulletin of Pharmacy)	Eczacilik Bül. [Bull. Pharmacy]	2399
Education in Chemistry	Educat. in Chem.	2290
Electrochemical Technology	Electrochem. Technol.	1590a
Electrochimica Acta [London]	Electrochim. Acta [London]	4127
Electrochimica Metallorum	Electrochim. Metallorum	4309
Electroplating and Metal Finishing	Electroplating Metal Finishing	5216
Ėlektrochimija	Ėlektrochimija	423r
Ėlektronnaja Obrabotka Materialov	Ėlektronnaja Obrabotka Mater.	578r
Élelmiszertudomány (Lebensmittelwissenschaft)	Élelmiszertudomány [Lebensmittelwissenschaft]	4419
Elelmiszervizsgalati Közlemények (Lebensmittelanalytische Mitteilungen)	Élelmiszervizsgálati Közlemények [Lebensmittelanalyt. Mitt.]	2199
Endocrinology	Endocrinology	152
Endokrinologie	Endokrinologie	463
Energia Nucleare	Energia nucleare	5449
Énergie Nucléaire	Énergie nucléaire	4059
Engelhard Industries, Inc. Technical Bulletin	Engelhard Ind., Inc., techn. Bull.	4230
Entomologia Experimentalis et Applicata [Amsterdam]	Entomol. exp. appl. [Amsterdam]	2574
Environmental Science & Technology	Environment. Sci. Technol.	4436
Enzymologia, Acta Biocatalytica [Den Haag]	Enzymologia [Den Haag]	718

Építőanyag (Baumaterial)	Építőanyag [Baumaterial]	3988
Erdoel - Erdgas - Zeitschrift [Wien]	Erdoel-Erdgas-Z. [Wien]	2606a
Erdöl und Kohle - Erdgas - Petrochemie	Erdöl Kohle-Erdgas-Petro- chem.	3079
Ernährungsforschung	Ernährungsforschung	2001
ESAB's Svetsaren [Elektriska Svetsning- aktiebolaget]	ESAB's Svetsaren	2533
Essenze Derivati Agrumari	Essenze Deriv. Agrumari	89
European Journal of Biochemistry [Berlin]	Europ. J. Biochem. [Berlin]	4362
European Journal of Cancer	Europ. J. Cancer	4470
European Journal of Pharmacology [Amsterdam]	Europ. J. Pharmacol. [Amsterdam]	4447
European Polymer Journal	Europ. Polymer J.	2585
Experientia [Basel]	Experientia [Basel]	3749
Experimental Agriculture	Exp. Agric.	658
Experimental Brain Research [Berlin]	Exp. Brain Res. [Berlin]	2523
Experimental Cell Research	Exp. Cell Res.	1613
Experimental Parasitology	Exp. Parasitology	1729
Experimentelle Technik der Physik	Exp. Techn. Physik	5304
Explosifs [Bruxelles]	Explosifs [Bruxelles]	3916
Explosivstoffe	Explosivstoffe	2927
Exposés Annuals de Biochimie Médicale	Exposés annu. Biochim. méd.	2254

Färgeriteknik	Färgeriteknik	3039
Farbe und Lack	Farbe u. Lack	2705
Farmaceutický Obzor (Pharmazeutische Rundschau)	Farmac. Obzor	1841
Farmaceutski Glasnik (Pharmazeutische Berichte)	Farmac. Glasnik	1652
Farmacevtyčnyj Žurnal	Farmacevtyčnyj Ž.	22r
Farmacia [Bucureşti]	Farmacia [Bucureşti]	2080
Farmacija [Moskva]	Farmacija [Moskva]	273r
Farmacija [Sofija]	Farmacija [Sofija]	321r
Farmacja Polska (Polnische Pharmazie)	Farmacja Polska	3836
Farmaco [Pavia]. a)... Edizione Pratica b)... Edizione Scientifica	Farmaco [Pavia], Ediz. prat. Ediz. sci.	1700 a+b
Farmakologija i Toksikologija	Farmakol. i Toksikol.	196r
Faserforschung und Textiltechnik	Faserforsch. u. Textil- techn.	3835
Federation Proceedings	Federat. Proc.	1771
Fémipari Kutató Intézet Közleményei (Mitteilungen des Forschungsinstituts für NE-Metalle)	Fémipari Kutató Intézet Közleményei [Mitt. Forsch.-Inst. NE-Metalle]	4168

Fermentatio [Gand]	Fermentatio [Gand]	483
Fermentnaja i Spirtovaja Promyšlennost'	Fermentnaja spirtovaja Prom.	16r
Festkörperprobleme	Festkörperprobleme	2019
Fette, Seifen, Anstrichmittel Verbunden mit der Zeitschrift "Die Ernährungsindustrie"	Fette, Seifen, Anstrichmittel	3061
Fizika i Chimija Obrabotki Materialov	Fiz. Chim. Obrabotki Mater.	459r
Fizika Gorenija i Vzryva	Fiz. Gorenija Vzryva	434r
Fizika Metallov i Metallovedenie	Fiz. Metallov Metallovedenie	326r
Fizika i Technika Poluprovodnikov	Fiz. Techn. Poluprovodnikov	453r
Fizika Tverdogo Tela	Fiz. tverdogo Tela	397r
Fiziko-Chimičeskaja Mechanika Materialov	Fiz.-chim. Mech. Mater.	429r
Fiziologičeskij Žurnal SSSR imeni I. M. Sečenova	Fiziol. Ž. SSSR im. I. M. Sečenova	106r
Fiziologičnyj Žurnal	Fiziol. Ž.	310r
Fiziologija Rastenij	Fiziol. Rast.	376r
Fleischwirtschaft	Fleischwirtschaft	3804
Flora [Jena]. a) Abt. A. Physiologie und Biochemie b) Abt. B. Morphologie und Geobotanik	Flora [Jena], Abt. A Abt. B	927 a+b
Folia Biologica [Praha]	Folia biol. [Praha]	4125
Folia Endocrinologica Japonica	Folia endocrinol. japon.	158
Folia Haematologica [Leipzig]	Folia haematol. [Leipzig]	473
Folia Histochemica et Cytochemica [Kraków]	Folia histochem. cytochem. [Kraków]	4302
Folia Microbiologica [Praha]	Folia microbiol. [Praha]	2074
Folia Pharmacologica Japonica	Folia pharmacol. japon.	1149
Fonderia Italiana	Fonderia ital.	3920
Fonderie	Fonderie	3042
Fonderie Belge	Fonderie belge	3185
Food and Cosmetics Toxicology	Food Cosmet. Toxicol.	4381
Food Technology	Food Technol.	3980
Forschungsberichte des Landes Nordrhein-Westfalen	Forsch.-Ber. Landes Nordrhein-Westfalen	3969
Forschungsinstitut für Roheisenerzeugung, Unterwellenborn. Vortragsreihe	Forsch.-Inst. Roheisenerzeug., Unterwellenborn, Vortragsr.	2557
Fortschritte der Arzneimittelforschung		2363
Fortschritte der Botanik	Fortschr. Bot.	1734
Fortschritte der Chemie Organischer Naturstoffe [Wien]	Fortschr. Chem. org. Naturstoffe [Wien]	1325
Fortschritte der Chemischen Forschung	Fortschr. chem. Forsch.	1585
Fortschritte der Mineralogie	Fortschr. Mineralog.	161
Fortschritte der Physik	Fortschr. Physik	1800
Fortschritte der Verfahrenstechnik		2156

Fortschritte der Wasserchemie und ihrer Grenzgebiete	Fortschr. Wasserchem. Grenzgebiete	2485
France et ses Parfums	France et ses Parfums	2144
Fraunhofer-Gesellschaft zur Förderung der Angewandten Forschung E.V. Beispiele Angewandter Forschung	Fraunhofer-Ges. Förder. angew. Forsch. E.V., Beispiele angew. Forsch.	2173
Freiberger Forschungshefte. a)... Reihe A. Bergbau, Aufbereitung und Verwertung Bergbaulicher Rohstoffe	Freiberger Forsch.-H., Reihe A	3873 a-d
b)... Reihe B. Metallurgie	Reihe B	
c)... Reihe C. Geowissenschaften	Reihe C	
d)... Reihe D. Kultur und Technik - Beihefte zur Zeitschrift: Bergakademie	Reihe D	
Fruchtsaft-Industrie	Fruchtsaft-Ind.	2022
Fuel	Fuel	2715
Fukuoka Acta Medica (Fukuoka-Igaku-Zassi)	Fukuoka Acta med. [Fukuoka-Igaku-Zassi]	1107
Fundamental Phenomena in the Materials Sciences	Fundamental Phenomena Mater. Sci.	2395
Fysisk Tidsskrift	Fysisk Tidsskr.	585
Fyzikálny Časopis (Physikalische Zeitschrift) - Bis Band 16, Nr. 4 (1966): Matematicko-Fyzikálny Časopis	Fyzik. Časopis	4380

Galvano Berichte	Galvano Ber.	5939
Galvanotechnik - Mit: Galvano-Referate	Galvanotechnik	2852
Galvanotechnik und Oberflächenschutz [Zürich] - Ab Band 9, Nr. 1 (1968): Oberfläche - Surface [Zürich]	Galvanotechn. u. Oberflächenschutz [Zürich]	4219
Gann. The Japanese Journal of Cancer Research	Gann, Jap. J. Cancer Res.	781
Gartenbauwissenschaft	Gartenbauwissenschaft	1209
Gas [Roma]	Gas [Roma]	4050
Gas Chromatography. Proceedings of the Symposium	Gas Chromatogr., Proc. Sympos.	4279
Gas Wärme International	Gas Wärme int.	4035
Gas- und Wasserfach. Ausgabe Gas-Erdgas bzw. Ausgabe Wasser-Abwasser - Mit Sonderteil: Bau und Betrieb	Gas- u. Wasserfach, Ausg. Gas-Erdgas bzw. Ausg. Wasser-Abwasser	2720
Gaz d'Aujourd'hui	Gaz d'aujourd'hui	2985
Gazeta Cukrownicza (Zucker-Zeitung)	Gaz. cukrownicza	697
Gazovaja Promyšlennost'	Gazovaja Prom.	336r
Gaz, Woda i Technika Sanitarna (Gas, Wasser und Sanitäre Technik)	Gaz, Woda Techn. sanit.	3190
Gazzetta Chimica Italiana	Gazz. chim. ital.	163

Gazzetta Medica Italiana	Gazz. med. ital.	3981
Geochimica et Cosmochimica Acta [London]	Geochim. cosmochim. Acta [London]	1632
Geochimija	Geochimija	338r
Geological Magazine	Geol. Mag.	164
Geologie - Mit: Beiheft zur Zeitschrift Geologie	Geologie	1723
Geologija Rudnych Mestoroždenij	Geol. rudnych Mestoroždenij	367r
Geologische Rundschau	Geol. Rdsch.	1555
Gesundheits-Ingenieur	Gesundheits-Ing.	2723
Gidrobiologičeskij Žurnal	Gidrobiologičeskij Ž.	464r
Giesserei	Giesserei	2725
Giessereiforschung	Giessereiforschung	2725a
Giessereipraxis	Giessereipraxis	2796
Giessereitechnik	Giessereitechnik	3739b
Gigiena i Sanitarija	Gig. i San.	224r
Gigiena Truda i Professional'nye Zabolevanija	Gig. Truda profess. Zabolevanija	430r
Giornale di Microbiologia	Giorn. Microbiol.	4178
G-I-T Fachzeitschrift für das Laboratorium (Glas- und Instrumenten-Technik)	G-I-T Fachz. Lab.	4056
Glas-Email-Keramo-Technik	Glas-Email-Keramo-Techn.	3895
Glasnik Chemiskog Društva Beograd	Glasnik chem. Društva Beograd	163r
Glass Industry	Glass Ind.	2729
Glass Technology	Glass Technol.	237a
Glastechnische Berichte	Glastechn. Ber.	2726
Glückauf	Glückauf	2731
Goldschmiede-Zeitung	Goldschmiede-Ztg.	2681
Gordian [Hamburg]. Internationale Zeitschrift für Lebensmittel und Lebensmitteltechnologie - Bis Band 67, Nr. 1601/02 (1967): Gordian [Hamburg]. Zeitschrift für Nahrungs- und Genußmittel	Gordian [Hamburg]	4031
Gordian [Hamburg]. Zeitschrift für Nahrungs- und Genußmittel - Ab Band 67, Nr. 1603/04 (1967): Gordian [Hamburg]. Internationale Zeitschrift für Lebensmittel und Lebensmitteltechnologie	Gordian [Hamburg]	4031
Gornyj Žurnal	Gor. Ž.	43r
Grasas y Aceites	Grasas y Aceites	2232
Gummi - Asbest - Kunststoffe	Gummi-Asbest-Kunststoffe	3769
Gyógyszerészet (Pharmazie)	Gyógyszerészet [Pharmazie]	4047
Gypsum & Lime [Tokyo]	Gypsum & Lime [Tokyo]	1890

Hakko-Kogaku Zasshi (Journal of Fermentation Technology)	Hakko-Kogaku Zasshi [J. Ferment. Technol.]	2490
Halogen Chemistry		4440
Health Physics	Health Physics	2262
Helvetica Chimica Acta	Helv. chim. Acta	171
Helvetica Medica Acta	Helv. med. Acta	1474
Helvetica Medica Acta. Supplementum	Helv. med. Acta, Suppl.	1474a
Helvetica Physica Acta	Helv. physica Acta	172
Helvetica Physiologica et Pharmacologica Acta - Mit Sonderteil: Verhandlungen des Schweizerischen Vereins für Physiologie, Physiologische Chemie und Pharmakologie (Comptes Rendus de la Société Suisse de Physiologie, Chimie Physiologique et Pharmacologie)	Helv. physiol. pharmacol. Acta	1568
Helvetica Physiologica et Pharmacologica Acta. Supplementum	Helv. physiol. pharmacol. Acta, Suppl.	1568a
Herba Hungarica	Herba hung.	2260
Herba Polonica	Herba polon.	2020
Hermsdorfer Technische Mitteilungen	Hermsdorfer techn. Mitt.	5631
Heterocyclic Compounds		4431
Hikaku Kagaku (Leder-Wissenschaft)	Hikaku Kagaku [Leder-Wiss.]	4296
Hilger Journal	Hilger J.	2116
Histochemie	Histochemie	2177
Holzforschung	Holzforschung	3724
Holzforschung und Holzverwertung [Wien]	Holzforsch. u. Holzverwert. [Wien]	3991
Holz als Roh- und Werkstoff	Holz Roh- u. Werkstoff	3410
Holztechnologie	Holztechnologie	2541
Hoppe-Seyler's Zeitschrift für Physiologische Chemie	Hoppe-Seyler's Z. physiol. Chem.	393
Hrana i Ishrana (Nahrung und Ernährung)	Hrana i Ishrana	2498
Hutnické Listy (Hüttentechnische Blätter)	Hutnické Listy	3892
Hutnik (Hüttenarbeiter)	Hutnik	3245
Hydrocarbon Processing	Hydrocarbon Processing	2861

IEEE Transactions on Electrical Insulation [Institute of Electrical and Electronics Engineers]	IEEE Trans. electr. Insulat.	6057
Imono. Journal of the Japan Foundrymen's Society	Imono, J. Japan Foundrymen's Soc.	2068
Indian Chemical Engineer (Incorporating The Transactions) - Mit: Transactions	Indian chem. Engr.	2345

Indian Journal of Agricultural Science	Indian J. agric. Sci.	476
Indian Journal of Applied Chemistry	Indian J. appl. Chem.	2152
Indian Journal of Biochemistry	Indian J. Biochem.	2378
Indian Journal of Chemistry	Indian J. Chem.	2249
Indian Journal of Experimental Biology	Indian J. exp. Biol.	2251
Indian Journal of Medical Research	Indian J. med. Res.	174a
Indian Journal of Pharmacy	Indian J. Pharmacy	4253
Indian Journal of Physics and Proceedings of the Indian Association for the Cultivation of Science	Indian J. Physics Proc. Indian Assoc. Cultivat. Sci.	175
Indian Journal of Pure & Applied Physics	Indian J. pure appl. Physics	2248
Indian Journal of Technology	Indian J. Technol.	2250
Indian Journal of Theoretical Physics	Indian J. theoret. Physics	1891
Indian Oil and Soap Journal	Indian Oil Soap J.	3574
Indian Pulp and Paper	Indian Pulp Paper	2434
Industria Alimentară (Lebensmittel-Industrie)	Ind. Alimentară	4112
Industria Conserve	Ind. Conserve	3063
Industria Italiana del Cemento	Ind. ital. Cemento	3603
Industrial and Engineering Chemistry. International Edition	Ind. Engng. Chem., int. Edit.	2744b
Industrial & Engineering Chemistry. b_1)... Process Design and Development b_2)... Fundamentals b_3)... Product Research and Development	Ind. Engng. Chem., Process Design Development Fundamentals Product Res. Development	2744 b_1-b_3
Industrial Finishing	Ind. Finishing	1198
Industria Mineraria	Ind. mineraria	3482
Industria Textilă (Textil-Industrie)	Ind. Textilă	4005
Industria Uşoară (Leicht-Industrie)	Ind. uşoară	4009
Industria della Vernice - Mit Supplement: Verniciatura	Ind. Vernice	1587
Industrieabwässer	Industrieabwässer	4468
Industrie Céramique - Bis Nr. 594 (1967): Industrie Céramique (Édition B de la Revue des Matériaux de Construction et l'Argile Réunies) - Mit Sonderteil: Bulletin de Documentation Céramique	Ind. céram.	3148a
Industrie Céramique (Édition B de la Revue des Matériaux de Construction et l'Argile Réunies) - Ab Nr. 595 (1967): Industrie Céramique - Mit Sonderteil: Bulletin de Documentation Céramique	Ind. céram.	3148a
Industrie Chimique	Ind. chimique	2748
Industrie Chimique Belge - Belgische Chemische Industrie	Ind. chim. belge	441

Industrie-Lackier-Betrieb	Ind.-Lackier-Betr.	3904
Industrie des Plastiques Modernes et Élastomères - Ab Band 19, Nr. 2 (1967): Plastiques Modernes et Élastomères	Ind. Plast. mod. Élastomères	3768
Industrie Alimentaires et Agricoles	Ind. aliment. agric.	107
Industries Atomiques	Ind. atom.	2043
Industrie Textile	Ind. Textile	3053
Información de Química Analítica - Supplement zu: Ion	Inform. Quím. analít.	3640a
Infrared Physics	Infrared Physics	2246
Ingenieur ['s-Gravenhage]	Ingenieur ['s-Gravenhage]	3059
Ingénieur Chimiste [Bruxelles]	Ing. Chimiste [Bruxelles]	1029
Ingeniörs Vetenskaps Akademien. Meddelande	Ing. Vetensk. Akad., Medd.	446b
Inorganica Chimica Acta [Padova]	Inorg. chim. Acta [Padova]	4422
Inorganic Chemistry [Washington]	Inorg. Chem. [Washington]	4261
Inorganic and Nuclear Chemistry Letters - Supplement zu: Journal of Inorganic & Nuclear Chemistry	Inorg. nuclear Chem. Letters	1936a
Inorganic Syntheses	Inorg. Syntheses	1571
Institut für Chemieanlagen. Mitteilungen	Inst. Chemieanlagen, Mitt.	4242
Institute of Physics and Physical Society. Conference Series	Inst. Physics physic. Soc., Conf. Ser.	4397
Institution of Engineers, Australia. Mechanical and Chemical Engineering. Transactions	Instn. Engr., Australia, mechan. chem. Engng., Trans.	4371
Institution of Gas Engineers. Journal	Instn. Gas Engr., J.	5724
Institution of Mining & Metallurgy. Transactions. a)... Section B: Applied Earth Science b)... Section C: Mineral Processing & Extractive Metallurgy	Instn. Mining Metallurgy, Trans., Sect. B Sect. C	120 a+b
Institutul Central de Cercetări Agricole. Analele (Institut Central de Recherches Agricoles. Annales). a)... Secției de Pedologie (Section de Pédologie) b)... Institutului de Cercetări Pentru Cereale și Plante Tehnice-Fundulea. Seria B. Agrochimie, Agrotehnică, Pășuni și Fînețe (Research Institute for Cereals and Technical Plants - Fundulea. Series B. Agrochemistry, Agrotechnics, Pastures and Hayfields)	Inst. centr. Cercetări agric., An., Secț. Pedol. Inst. Cercetări Cereale Plante Tehn.-Fundulea, Ser. B	719 a+b
Instrument News	Instrument News	4341
Instruments and Control Systems	Instruments Control Syst.	3064
International Atomic Energy Agency, Vienna. a)... Proceedings Series e)... Panel Proceedings Series	Int. atomic Energy Agency, Vienna, Proc. Ser. Panel Proc. Ser.	2406 a, e

International Conference on Low Temperature Science. Proceedings, Sapporo 1966	Int. Conf. low Temperat. Sci., Proc., Sapporo 1966	4276a
Eighth International Conference on Phenomena in Ionized Gases. Contributed Papers, Vienna 1967 - 7. Konferenz siehe unter: Proceedings of the Seventh International Conference on Phenomena in Ionized Gases, Beograd	Eighth int. Conf. Phenomena ionized Gases, contr. Pap., Vienna 1967	5629
II. Internationale Tagung über Glasfaserverstärkte Kunststoffe und Gießharze, Berlin 1967	II. Int. Tag. glasfaserverstärkte Kunststoffe Gießharze, Berlin 1967	6056
Internationale Zeitschrift für Vitaminforschung [Bern] - Mit: Beihefte zur Internationalen Zeitschrift für Vitaminforschung	Int. Z. Vitaminforsch. [Bern]	387
International Journal of Applied Radiation and Isotopes	Int. J. appl. Radiat. Isotopes	5465
International Journal of Cancer [Copenhagen]	Int. J. Cancer [Copenhagen]	4398
International Journal of Electronics	Int. J. Electronics	5415
International Journal of Heat and Mass Transfer	Int. J. Heat Mass Transfer	4210
International Journal of Mass Spectrometry and Ion Physics [Amsterdam]	Int. J. Mass Spectrometry Ion Physics [Amsterdam]	4479
International Journal of Neuropharmacology	Int. J. Neuropharmacol.	2333
International Journal of Powder Metallurgy	Int. J. Powder Metallurgy	6058
International Journal of Quantum Chemistry	Int. J. Quantum Chem.	4418
International Journal of Quantum Chemistry. Symposium	Int. J. Quantum Chem., Sympos.	4418a
International Pest Control	Int. Pest Control	2110
International Review of Neurobiology [New York]		4169
International Sugar Journal	Int. Sugar J.	178
Inženerno-Fizičeskij Žurnal	Inž.-fiz. Ž.	545r
Ion [Madrid] - Mit Supplement: Información de Química Analítica	Ion [Madrid]	3640
Iowa State Journal of Science	Iowa State J. Sci.	179
Iron and Steel	Iron and Steel	3071
Iron and Steel Engineer	Iron Steel Engr.	2753
Iron and Steel Institute. Publication - Bis Nr. 96 (1966): Iron and Steel Institute. Special Report	Iron Steel Inst., Publ.	230c
Iron and Steel Institute. Special Report - Ab Nr. 97 (1967): Iron and Steel Institute. Publication	Iron Steel Inst., spec. Rep.	230c
Isotopenpraxis	Isotopenpraxis	5883
Israel Journal of Chemistry	Israel J. Chem.	2295
Israel Journal of Earth-Sciences	Israel J. Earth-Sci.	2299

Israel Journal of Medical Sciences	Israel J. med. Sci.	2444
Israel Journal of Technology	Israel J. Technol.	2296
Istanbul Üniversitesi Fen Fakültesi Mecmuasi Seri C: Astronomi, Fizik, Kimya (Revue de la Faculté des Sciences de l'Université d'Istanbul. Astronomie, Physique, Chimie)	Istanbul Üniv. Fen Fak. Mecmuasi [Rev. Fac. Sci. Univ. Istanbul], Ser. C	3166c
Italian Journal of Biochemistry - Englische Ausgabe von: Giornale di Biochimica	Ital. J. Biochem.	2187
Izotopy v SSSR	Izotopy SSSR	451r
Izvestija Akademii Nauk Armjanskoj SSR. Nauka o Zemle	Izvest. Akad. Nauk Arm. SSR, Nauka o Zemle	301r b
Izvestija Akademii Nauk BSSR. a)... Serija Biologičeskich Nauk b)... Serija Fiziko-Techničeskich Nauk c)... Serija Chimičeskich Nauk	Izvest. Akad. Nauk BSSR, Ser. biol. Nauk Ser. fiz.-techn. Nauk Ser. chim. Nauk	320r a-c
Izvestija Akademii Nauk Ėstonskoj SSR. a)... Biologija b)... Fizika. Matematika c)... Chimija. Geologija	Izvest. Akad. Nauk Est SSR, Biol. Fiz., Mat. Chim., Geol.	340r a-c
Izvestija Akademii Nauk Kazachskoj SSR. b)... Serija Biologičeskaja f)... Serija Chimičeskaja g)... Serija Geologičeskaja j)... Serija Fiziko-Matematičeskaja	Izvest. Akad. Nauk Kaz. SSR, Ser. biol. Ser. chim. Ser. geol. Ser. fiz.-mat.	293r b, f, g, j
Izvestija Akademii Nauk Latvijskoj SSR	Izvest. Akad. Nauk Latv. SSR	299r
Izvestija Akademii Nauk Latvijskoj SSR. a)... Serija Chimičeskaja b)... Serija Fizičeskich i Techničeskich Nauk	Izvest. Akad. Nauk Latv. SSR, Ser. chim. Ser. fiz. techn. Nauk	299r a+b
Izvestija Akademii Nauk SSSR. a)... Serija Biologičeskaja b)... Serija Chimičeskaja c)... Serija Geologičeskaja d)... Serija Fizičeskaja g)... Neorganičeskie Materialy h)... Metally	Izvest. Akad. Nauk SSSR, Ser. biol. Ser. chim. Ser. geol. Ser. fiz. neorgan. Mater. Metally	7r a-d, h, g
Izvestija Akademii Nauk Tadžikskoj SSR. Otdelenie Fiziko-Matematičeskich i Geologo-Chimičeskich Nauk	Izvest. Akad. Nauk Tadž. SSR, Otd. fiz.-mat. geol.-chim. Nauk	460r
Izvestija Akademii Nauk Turkmenskoj SSR. a)... Serija Biologičeskich Nauk b)... Serija Fiziko-Techničeskich, Chimičeskich i Geologičeskich Nauk	Izvest. Akad. Nauk Turkm. SSR, Ser. biol. Nauk Ser. fiz.-techn., chim. geol. Nauk	345r a+b
Izvestija Akademii Nauk UzSSR. c)... Serija Techničeskich Nauk d)... Serija Fiziko-Matematičeskich Nauk	Izvest. Akad. Nauk UzSSR, Ser. techn. Nauk Ser. fiz.-mat. Nauk	339r c+d
Izvestija na Fizičeskija Institut s ANEB. Bălgarska Akademija na Naukite	Izvest. Fiz. Inst. ANEB, Bălgarska Akad. Naukite	387r

Izvestija na Geologičeskija Institut. Bǎlgarska Akademija na Naukite. Serija Geochimija, Mineralogija i Petrografija	Izvest. geol. Inst., Bǎlgarska Akad. Naukite, Ser. Geochim., Mineralogija, Petrografija	377ra
Izvestija na Instituta po Fiziologija. Bǎlgarska Akademija na Naukite	Izvest. Inst. Fiziol., Bǎlgarska Akad. Naukite	395r
Izvestija na Instituta po Obšta i Neorganična Chimija. Bǎlgarska Akademija na Naukite	Izvest. Inst. obšt. neorg. Chim., Bǎlgarska Akad. Naukite	351r
Izvestija na Instituta po Organična Chimija. Bǎlgarska Akademija na Naukite	Izvest. Inst. org. Chim., Bǎlgarska Akad. Naukite	415r
Izvestija na Instituta po Sravnitelna Patologija na Životnite [Sofija]	Izvest. Inst. Sravnitelna Patol. Životnite [Sofija]	447r
Izvestija Sibirskogo Otdelenija Akademii Nauk SSSR. a)... Serija Biologo-Medicinskich Nauk b)... Serija Chimičeskich Nauk	Izvest. sibirskogo Otd. Akad. Nauk SSSR, Ser. biol.-med. Nauk Ser. chim. Nauk	350r a+b
Izvestija Timirjazevskoj Sel'skochozjajstvennoj Akademii	Izvest. Timirjazevskoj sel'skochoz. Akad.	285r
Izvestija Vysšich Učebnych Zavedenij [Ivanovo], Chimija i Chimičeskaja Technologija	Izvest. vysšich učebnych Zavedenij [Ivanovo], Chim. i chim. Technol.	364ra
Izvestija Vysšich Učebnych Zavedenij [Ivanovo], Technologija Tekstil'noj Promyšlennosti	Izvest. vysšich učebnych Zavedenij [Ivanovo], Technol. tekst. Prom.	364rb
Izvestija Vysšich Učebnych Zavedenij [Krasnodar], Piščevaja Technologija	Izvest. vysšich učebnych Zavedenij [Krasnodar], piščevaja Technol.	364rc
Izvestija Vysšich Učebnych Zavedenij [Moskva], Černaja Metallurgija	Izvest. vysšich učebnych Zavedenij [Moskva], černaja Metallurg.	364re
Izvestija Vysšich Učebnych Zavedenij [Ordžonikidze], Cvetnaja Metallurgija	Izvest. vysšich učebnych Zavedenij [Ordžonikidze], cvetnaja Metallurg.	364rf
Izvestija Vysšich Učebnych Zavedenij [Baku], Neft i Gaz	Izvest. vysšich učebnych Zavedenij [Baku], Neft Gaz	364rg
Izvestija Vysšich Učebnych Zavedenij [Gor'kij], Radiofizika	Izvest. vysšich učebnych Zavedenij [Gor'kij], Radiofiz.	364rj
Izvestija Vysšich Učebnych Zavedenij [Tomsk], Fizika	Izvest. vysšich učebnych Zavedenij [Tomsk], Fiz.	364rk
Izvestija Vysšich Učebnych Zavedenij [Moskva], Geologija i Razvedka	Izvest. vysšich učebnych Zavedenij [Moskva], Geol. Razv.	364rn
Izvestija Vysšich Učebnych Zavedenij [Kiev], Technologija Legkoj Promyšlennosti	Izvest. vysšich učebnych Zavedenij [Kiev], Technol. leg. Prom.	364rp
Jaderná Energie (Kern-Energie)	Jaderná Energie	2073
Jadernaja Fizika	Jadernaja Fiz.	427r
Japan Analyst	Japan Analyst	2237

Japan Atomic Energy Research Institute. b)... Chemistry d)... Geology, Mineralogy and Meteorology e)... Metals, Ceramics and Other Materials h)... Physics j)... Engineering and Equipment k)... Industrial Applications of Isotopes and Radiations l)... Fuels and Other Materials m)... Radiation Chemistry	Japan atomic Energy Res. Inst., Chem. Geol., Mineralogy Meteorol. Metals, Ceramics other Mater. Physics Engng. Equipment ind. Appl. Isotopes Radiat. Fuels other Mater. Radiat. Chem.	2468 b, d, e, h, j, k, l, m
Japan Atomic Energy Research Institute. Research Reports	Japan atomic Energy Res. Inst., Res. Rep.	5595a
Japanese Archives of Internal Medicine	Jap. Arch. intern. Med.	2004
Japanese Journal of Applied Physics	Jap. J. appl. Physics	4284
Japanese Journal of Experimental Medicine	Jap. J. exp. Med.	777
Japanese Journal of Microbiology	Jap. J. Microbiol.	4260
Japanese Journal of Pharmacology	Jap. J. Pharmacol.	1788
Japanese Journal of Physiology	Jap. J. Physiol.	2050
Jenaer Rundschau	Jenaer Rdsch.	5491
Jernkontorets Annaler	Jernkontorets Ann.	182
Jikeikai Medical Journal	Jikeikai med. J.	1948
Journal of the Acoustical Society of America	J. acoust. Soc. America	3590
Journal of the Agricultural Chemical Society of Japan (Nippon Nôgei-Kagaku Kaishi)	J. agric. chem. Soc. Japan [Nippon Nôgei-Kagaku Kaishi]	445
Journal of Agricultural and Food Chemistry	J. agric. Food Chem.	3930
Journal of Agricultural Science	J. agric. Sci.	192
Journal of Agriculture of the University of Puerto Rico	J. Agric. Univ. Puerto Rico	1271
Journal of the Air Pollution Control Association	J. Air Pollut. Control Assoc.	4008
Journal of the American Ceramic Society - Mit Sonderteil: Ceramics Abstracts	J. Amer. ceram. Soc.	210
Journal of the American Chemical Society	J. Amer. chem. Soc.	211
Journal of the American Concrets Institute	J. Amer. Concrets Inst.	637
Journal of the American Dietetic Association	J. Amer. dietet. Assoc.	3709
Journal of the American Leather Chemists Association	J. Amer. Leather Chemists Assoc.	212
Journal of the American Oil Chemists' Society	J. Amer. Oil Chemists' Soc.	3141
Journal of the American Water Works Association	J. Amer. Water Works Assoc.	214
Journal of Antibiotics [Tokyo] - Bis Band 21, Nr. 6 (1967): Journal of Antibiotics. Series A	J. Antibiotics [Tokyo]	1728a

Journal of Antibiotics [Tokyo]. a)... Series A b)... Series B - Series A ab Band 21, Nr. 1 (1968): Journal of Antibiotics [Tokyo]	J. Antibiotics [Tokyo], Ser. A Ser. B	1728 a+b
Journal of Applied Bacteriology	J. appl. Bacteriol.	4133
Journal of Applied Chemistry - Mit Sonderteil: Abstracts	J. appl. Chem.	2762b
Journal of Applied Crystallography [Copenhagen]	J. appl. Crystallogr. [Copenhagen]	4467
Journal of Applied Physics	J. appl. Physics	578
Journal of Applied Physiology	J. appl. Physiol.	1781
Journal of Applied Polymer Science	J. appl. Polymer Sci.	1544a
Journal of the Association of Official Analytical Chemists	J. Assoc. off. analyt. Chemists	215
Journal of Atherosclerosis Research [Amsterdam]	J. Atherosclerosis Res. [Amsterdam]	4221
Journal of Atmospheric and Terrestrial Physics	J. atmospheric terrestr. Physics	1665
Journal of the Australian Institute of Agricultural Science	J. Austral. Inst. agric. Sci.	1757
Journal of Bacteriology	J. Bacteriol.	503
Journal of Biochemistry [Tokyo]	J. Biochemistry [Tokyo]	193
Journal of Biological Chemistry	J. biol. Chemistry	194
Journal of the British Nuclear Energy Society	J. Brit. nuclear Energy Soc.	5460
Journal of Catalysis	J. Catalysis	4281
Journal of Cell Biology	J. Cell Biol.	4218
Journal of Cell Science	J. Cell Sci.	1816
Journal of Cellular Plastics	J. cellular Plastics	2547
Journal of Cellular Physiology	J. cellular Physiol.	691
Journal of the Ceramic Association of Japan (Yogyo Kyokai Shi)	J. ceram. Assoc. Japan [Yogyo Kyokai Shi]	2691
Journal of Chemical Education	J. chem. Educat.	197
Journal of Chemical and Engineering Data	J. chem. Engng. Data	4123
Journal of Chemical Physics	J. chem. Physics	3060
Journal of the Chemical Society [London]. e)... Section A. Inorganic, Physical, and Theoretical Chemistry f)... Section B. Physical Organic Chemistry g)... Section C. Organic Chemistry	J. chem. Soc. [London], Sect. A Sect. B Sect. C	217 e-g
Journal of the Chemical Society of Japan, Industrial Chemistry Section (Kōgyō Kagaku Zasshi)	J. chem. Soc. Japan, ind. Chem. Sect. [Kōgyō Kagaku Zasshi]	3773
Journal of the Chemical Society of Japan, Pure Chemistry Section (Nippon Kagaku Zasshi)	J. chem. Soc. Japan, pure Chem. Sect. [Nippon Kagaku Zasshi]	218
Journal de Chimie Physique et de Physico-Chimie Biologique	J. Chim. physique Physico-Chim. biol.	185
Journal of Chromatography [Amsterdam]	J. Chromatogr. [Amsterdam]	2041

Journal of Clinical Endocrinology and Metabolism	J. clin. Endocrinol. Metabolism	1533
Journal of Clinical Investigation	J. clin. Invest.	198
Journal of Colloid and Interface Science	J. Colloid Interface Sci.	1553
Journal of Crystal Growth [Amsterdam]	J. Crystal Growth [Amsterdam]	4406
Journal of Dairy Research	J. Dairy Res.	590
Journal of Dairy Science	J. Dairy Sci.	199
Journal of Dental Research	J. Dental Res.	1429
Journal of Economic Entomology	J. econ. Entomol.	489
Journal of Electroanalytical Chemistry and Interfacial Electrochemistry [Amsterdam] - Ab Band 16, Nr. 1 (1968): Journal of Electroanalytical Chemistry and Interfacial Electrochemistry [Lausanne]	J. electroanalyt. Chem. Interfacial Electrochem. [Amsterdam]	4130
Journal of Electroanalytical Chemistry and Interfacial Electrochemistry [Lausanne] - Bis Band 15, Nr. 4 (1967): Journal of Electroanalytical Chemistry and Interfacial Electrochemistry [Amsterdam]	J. electroanalyt. Chem. Interfacial Electrochem. [Lausanne]	4130
Journal of the Electrochemical Society	J. electrochem. Soc.	1590
Journal of the Electrochemical Society of India	J. electrochem. Soc. India	2234
Journal of the Electrochemical Society of Japan - Englische Ausgabe	J. electrochem. Soc. Japan	3591
Journal of Endocrinology	J. Endocrinology	1388
Journal Européen des Stéroïdes	J. europ. Stéroïdes	4437
Journal of Experimental Botany [London]	J. exp. Bot. [London]	1815
Journal of Experimental Medicine	J. exp. Medicine	200
Journal of Food Science	J. Food Sci.	1046
Journal of Food Science and Technology [Mysore, India]	J. Food Sci. Technol. [Mysore, India]	4318
Journal du Four Électrique	J. Four électr.	2758
Journal of the Franklin Institute	J. Franklin Inst.	223
Journal of the Fuel Society of Japan	J. Fuel Soc. Japan	224
Journal of Gas Chromatography	J. Gas Chromatogr.	2312
Journal of General and Applied Microbiology [Tokyo]	J. gen. appl. Microbiol. [Tokyo]	2136
Journal of General Microbiology	J. gen. Microbiol.	4159
Journal of General Physiology	J. gen. Physiol.	201
Journal of Geology	J. Geology	499
Journal of Geomagnetism and Geoelectricity [Kyoto] - Ab Band 18 (1966): Journal of Geomagnetism and Geoelectricity [Tokyo]	J. Geomagnetism Geoelectr. [Kyoto]	4155
Journal of Geomagnetism and Geoelectricity [Tokyo]	J. Geomagnetism Geoelectr. [Tokyo]	4155

- Bis Band 17 (1965): Journal of Geomagnetism and Geoelectricity [Kyoto]		
Journal of Geophysical Research	J. geophys. Res.	1500
Journal of Geosciences. Osaka City University	J. Geosci., Osaka City Univ.	4408
Journal of Heterocyclic Chemistry	J. heterocyclic Chem.	2427
Journal of Histochemistry and Cytochemistry [Baltimore]	J. Histochem. Cytochem. [Baltimore]	1779
Journal of Horticultural Science	J. horticult. Sci.	1193
Journal of Hygiene, Epidemiology, Microbiology and Immunology [Praha]	J. Hyg., Epidemiol., Microbiol. Immunol. [Praha]	2556
Journal of the Indian Chemical Society	J. Indian chem. Soc.	225
Journal of the Indian Institute of Science	J. Indian Inst. Sci.	226
Journal of the Industrial Explosives Society, Japan	J. ind. Explosives Soc., Japan	2133
Journal of Inorganic & Nuclear Chemistry - Mit Supplement: Inorganic and Nuclear Chemistry Letters	J. inorg. nuclear Chem.	1936
Journal of the Institute of Brewing - Mit Beigabe: Malting, Brewing and Allied Processes	J. Inst. Brewing	227
Journal of the Institute of Fuel	J. Inst. Fuel	2747
Journal of the Institute of Metals - Bis Band 94, Nr. 12 (1966): Journal of the Institute of Metals with the Bulletin and Metallurgical Reviews	J. Inst. Metals	228
Journal of the Institute of Metals with the Bulletin and Metallurgical Reviews - Enthält die Sonderteile: 1) Bulletin of the Institute of Metals, 2) Metallurgical Reviews - Ab Band 95, Nr. 1 (1967): Journal of the Institute of Metals	J. Inst. Metals	228
Journal of the Institute of Petroleum - Mit Sonderteil: Abstracts	J. Inst. Petroleum	229
Journal of the Institution of Chemists (India)	J. Instn. Chemists (India)	4162
Journal of the IRI [Institution of the Rubber Industry]	Journal IRI	363
Journal of the Iron and Steel Institute	J. Iron Steel Inst.	230
Journal of the Japanese Technical Association of Pulp and Paper Industry (Parupu Kami Kógyó Zasshi)	J. Jap. techn. Assoc. Pulp Paper Ind. [Parupu Kami Kógyó Zasshi]	4297
Journal of Japan Institute of Light Metals - Bis Band 17, Nr. 6 (1967): Light Metals [Tokyo]	J. Japan Inst. Light Metals	2128
Journal of the Japan Wood Research Society (Mokuzai Gakkaishi)	J. Japan Wood Res. Soc. [Mokuzai Gakkaishi]	2317
Journal of the Karnatak University. Science [Dharwar, India]	J. Karnatak Univ., Sci. [Dharwar, India]	4196
Journal of Labelled Compounds [Bruxelles]	J. labelled Compounds [Bruxelles]	2539

Journal of Laboratory and Clinical Medicine	J. Lab. clin. Med.	204
Journal of the Less-Common Metals [Amsterdam] - Ab Band 14, Nr. 1 (1968): Journal of the Less-Common Metals [Lausanne]	J. less-common Metals [Amsterdam]	4129
Journal of the Less-Common Metals [Lausanne] - Bis Band 13, Nr. 6 (1967): Journal of the Less-Common Metals [Amsterdam]	J. less-common Metals [Lausanne]	4129
Journal of Lipid Research	J. Lipid Res.	4128
Journal of Macromolecular Science. a)... Chemistry b)... Physics c)... Reviews in Macromolecular Chemistry	J. macromolecular Sci., Chem. Physics Rev. macromolecular Chem.	4404 a-c
Journal of Materials	J. Mater.	4348
Journal of Materials Science	J. Mater. Sci.	4442
Journal of the Mechanics and Physics of Solids	J. Mechan. Physics Solids	1905
Journal of Medicinal Chemistry	J. med. Chem.	1900
Journal of Metals	J. Metals	352d
Journal de Microscopie [Paris]	J. Microscop. [Paris]	2438
Journal of Milk and Food Technology	J. Milk Food Technol.	1188
Journal of the Mining and Metallurgical Institute of Japan	J. Mining metallurg. Inst. Japan	5432
Journal of Molecular Biology	J. molecular Biol.	4121
Journal of Molecular Spectroscopy	J. molecular Spectroscopy	2205
Journal of Molecular Structure [Amsterdam]	J. molecular Structure [Amsterdam]	4439
Journal of the National Cancer Institute	J. nat. Cancer Inst.	1680
Journal of Natural Sciences and Mathematics [Lahore]	J. natur. Sci. Math. [Lahore]	4320
Journal of Neurochemistry [London]	J. Neurochem. [London]	4263
Journal of the New England Water Works Association	J. New England Water Works Assoc.	231
Journal of the New Zealand Institute of Chemistry - Ab Band 31, Nr. 1 (1967): Chemistry in New Zealand. Journal of the New Zealand Institute of Chemistry	J. New Zealand Inst. Chem.	1197
Journal of Nuclear Energy	J. nuclear Energy	5501
Journal of Nuclear Materials [Amsterdam]	J. nuclear Mater. [Amsterdam]	4082
Journal of Nuclear Medicine	J. nuclear Med.	2568
Journal of Nuclear Medicine. Supplement	J. nuclear Med., Suppl.	2568a
Journal of Nuclear Science and Technology [Tokyo]	J. nuclear Sci. Technol. [Tokyo]	2437
Journal of Nutrition	J. of Nutrit.	509
Journal of the Oil and Colour Chemists' Association	J. Oil Colour Chemists' Assoc.	232
Journal of the Optical Society of America	J. opt. Soc. America	233

Journal of Organic Chemistry	J. org. Chemistry	704
Journal of Organometallic Chemistry [Amsterdam] - Ab Band 11, Nr. 1 (1968): Journal of Organometallic Chemistry [Lausanne]	J. organometallic Chem. [Amsterdam]	2284
Journal of Organometallic Chemistry [Lausanne] - Bis Band 10, Nr. 3 (1967): Journal of Organometallic Chemistry [Amsterdam]	J. organometallic Chem. [Lausanne]	2284
Journal of Paint Technology	J. Paint Technol.	757
Journal of Pathology and Bacteriology	J. Pathol. Bacteriol.	493
Journal of Petrology	J. Petrology	4180
Journal of Pharmaceutical Sciences	J. pharmac. Sci.	213b
Journal of the Pharmaceutical Society of Japan (Yakugakuzasshi)	J. pharmac. Soc. Japan [Yakugakuzasshi]	234
Journal de Pharmacie de Belgique	J. Pharmac. Belgique	187
Journal of Pharmacology and Experimental Therapeutics	J. Pharmacol. exp. Therapeut.	206
Journal of Pharmacy and Pharmacology	J. Pharmacy Pharmacol.	312
Journal of Photographic Science - Mit Sondernummer: Photography in Science & Industry	J. photogr. Sci.	290b
Journal of Physical Chemistry	J. physic. Chem.	207
Journal of the Physical Society of Japan	J. physic. Soc. Japan	579
Journal of Physics.	J. Physics,	303
a)... A: General (Proceedings of the Physical Society)	A (Proc. physic. Soc.)	a–e
b)... B: Atomic and Molecular Physics (Proceedings of the Physical Society)	B (Proc. physic. Soc.)	
c)... C: Solid State Physics (Proceedings of the Physical Society)	C (Proc. physic. Soc.)	
d)... D (British Journal of Applied Physics)	D (Brit. J. appl. Physics)	
e)... E (Journal of Scientific Instruments) - a–c) bis Band 92, Nr. 4 (1967): Proceedings of the Physical Society. - d) bis Band 18, Nr. 12 (1967): British Journal of Applied Physics. - e) bis Band 44, Nr. 12 (1967): Journal of Scientific Instruments	E (J. sci. Instruments)	
Journal of Physics and Chemistry of Solids - Mit Supplement: Solid State Communications	J. Physics Chem. Solids	2131
Journal de Physiologie	J. de Physiol.	1231
Journal de Physiologie. Supplément	J. de Physiol., Suppl.	1231a
Journal of Physiology - Mit Sonderteil: Proceedings of the Physiological Society	J. Physiology	208
Journal de Physique - Mit Supplement: Revue de Physique Appliquée	J. Physique	2756
Journal of the Polarographic Society	J. polarogr. Soc.	4202

Journal of Polymer Science. b_1).. Part A-1. Polymer Chemistry b_2).. Part A-2. Polymer Physics c)... Part B. Polymer Letters d)... Part C. Polymer Symposia	J. Polymer Sci., Part A-1 Part A-2 Part B Part C	1544 b-d
Journal of the Portland Cement Association Research and Development Laboratories	J. PCA Res. Development Lab.	2236
Journal für Praktische Chemie	J. prakt. Chem.	190
Journal of Quantitative Spectroscopy & Radiative Transfer	J. quantitative Spectroscopy radiative Transfer	2544
Journal of Radioanalytical Chemistry [Budapest]	J. radioanalyt. Chem. [Budapest]	4445
Journal of the Research Institute for Catalysis, Hokkaido University	J. Res. Inst. Catalysis, Hokkaido Univ.	1733
Journal of Research of the National Bureau of Standards. a)... Section A. Physics and Chemistry b)... Section B. Mathematics and Mathematical Physics c)... Section C. Engineering and Instrumentation	J. Res. nat. Bur. Standards, Sect. A Sect. B Sect. C	114 a-c
Journal of the Rubber Research Institute of Malaya	J. Rubber Res. Inst. Malaya	635
Journal of the Science of Food and Agriculture - Mit Sonderteil: Abstracts	J. Sci. Food Agric.	2762c
Journal of the Scientific Agricultural Society of Finland (Maataloustieteellinen Aikakauskirja)	J. sci. agric. Soc. Finland [Maataloustieteellinen Aikakauskirja]	638
Journal of Scientific & Industrial Research [New Delhi]	J. sci. ind. Res. [New Delhi]	1842
Journal of Scientific Instruments - Ab 1968 (Serie 2, Band 1, Nr. 1): Journal of Physics. E (Journal of Scientific Instruments)	J. sci. Instruments	2759
Journal of the Society of Cosmetic Chemists	J. Soc. Cosmet. Chemists	2225
Journal of the Society of Dyers and Colourists	J. Soc. Dyers Colourists	2763
Journal of the Society of Leather Trades' Chemists	J. Soc. Leather Trades' Chemists	238
Journal of Soil Science	J. Soil Sci.	1648
Journal of the Spectroscopical Society of Japan (Bunkô Kenkyû)	J. spectroscop. Soc. Japan [Bunkô Kenkyû]	4427
Journal of the South African Chemical Institute	J. South African chem. Inst.	239
Journal of the South African Institute of Mining and Metallurgy	J. South African Inst. Mining Metallurgy	216
Journal of the Sports Turf Research Institute	J. Sports Turf Res. Inst.	889b
Journal of Synthetic Organic Chemistry, Japan	J. synth. org. Chem., Japan	1812
Journal of the Textile Institute	J. Textile Inst.	240
Journal of Theoretical Biology	J. theoret. Biol.	2113

Journal of the Tokyo University of Fisheries	J. Tokyo Univ. Fisheries	1421
Journal of the University of Bombay	J. Univ. Bombay	423
Journal of Virology [Baltimore]	J. Virol. [Baltimore]	4399
Journal of Vitaminology [Kyoto]	J. Vitaminol. [Kyoto]	4235
Journal of the Water Pollution Control Federation	J. Water Pollut. Control Federat.	537
Journal of the West of Scotland Iron and Steel Institute	J. West Scotland Iron Steel Inst.	3215

Kälte	Kälte	3925
Kagaku Kōgaku (Chemical Engineering, Japan)	Kagaku Kōgaku [Chem. Engng., Japan]	4394
Kali und Steinsalz	Kali u. Steinsalz	3950
Kardiologija	Kardiologija	379r
Kaučuk i Rezina	Kaučuk i Rezina	58r
Kautschuk und Gummi, Kunststoffe	Kautschuk Gummi, Kunststoffe	3747
Kémiai Közlemények (Chemische Mitteilungen)	Kém. Közlemények [Chem. Mitt.]	1876
Kemian Teollisuus (Chemische Industrie)	Kem. Teollisuus [Chem. Ind.]	1739
Kemija u Industriji [Zagreb] (Chemie in der Industrie)	Kem. u Ind. [Zagreb]	2165
Keramische Zeitschrift	Keram. Z.	3989
Kernenergie	Kernenergie	5521
Kerntechnik, Isotopentechnik und -chemie	Kerntechn., Isotopentechn. u. -chem.	5576
Kieler Milchwirtschaftliche Forschungsberichte	Kieler milchwirtsch. Forsch.-Ber.	1758
Kinetika i Kataliz	Kinetika i Kataliz	392r
Kitasato Archives of Experimental Medicine	Kitasato Arch. exp. Med.	690
Klinische Wochenschrift	Klin. Wschr.	2768
Kobalt	Kobalt	4146
Kohászati Lapok (Ungarische Zeitschrift für Hüttenwesen) - Ab Band 101, Nr. 1 (1968): Bányászati és Kohászati Lapok. Kohászat - Mit Sonderteil: Öntőde (Giesserei)	Kohászati Lapok [Ung. Z. Hüttenwes.]	3197b
Kohlenwasserstoffgase	Kohlenwasserstoffgase	2580
Koks i Chimija	Koks i Chim.	17r
Koks - Smoła - Gaz (Koks-Teer-Gas)	Koks - Smoła - Gaz	4030
Kolloidnyj Žurnal	Kolloidnyj Ž.	100r
Kolloid-Zeitschrift. Zeitschrift für Polymere - Mit Ergänzungsheften: Rheologica Acta	Kolloid-Z., Z. Polymere	2771

Kolorisztikai Értesítő (Koloristische Rundschau)	Kolorisztikai Értesítő [Kolorist. Rdsch.]	4229
Konferenz über die Chemie und Chemische Verarbeitung des Erdöls und Erdgases, Budapest 1965	Konf. Chem. u. chem. Verarb. Erdöls Erdgases, Budapest 1965	4448
Kongelige Danske Videnskabernes Selskab. Matematisk-Fysiske Meddelelser	Kong. danske Vidensk. Selsk., mat.-fysiske Medd.	246c
Konservnaja i Ovoščesušil'naja Promyšlennost'	Konservnaja ovoščesušil'naja Prom.	355r
Koroze a Ochrana Materiálu (Korrosion und Materialschutz)	Koroze Ochrana Mater.	4058
Kovové Materiály (Metallische Werkstoffe)	Kovové Mater.	2060
Kožařství (Gerberei)	Kožařství	4034
Koževenno-Obuvnaja Promyšlennost'	Koževenno-obuvnaja Prom.	42r
Kristallografija	Kristallografija	337r
Kristall und Technik	Kristall u. Techn.	5969
Kulturpflanze. Berichte und Mitteilungen aus dem Institut für Kulturpflanzenforschung der Deutschen Akademie der Wissenschaften zu Berlin in Gatersleben Kreis Aschersleben	Kulturpflanze	2553
Kungl. Tekniska Högskolans Handlingar	Kungl. Tekn. Högskolans Handl.	1646
Kunststoffe	Kunststoffe	2781
Kunststoffe - Plastics [Solothurn]	Kunststoffe - Plastics [Solothurn]	4166
Kunststoff und Gummi	Kunststoff u. Gummi	2256
Kunststoff - Rundschau - Mit Sonderteil: Verstärkte Kunststoffe	Kunststoff-Rdsch.	4026
Kvasný Průmysl (Gärungsindustrie)	Kvasný Průmysl	2072

Laboratorio Scientifico [Milano]	Lab. sci. [Milano]	2119
Laboratornoe Delo	Labor. Delo	371r
Laboratory Investigation	Lab. Invest.	1780
Laboratory Practice	Lab. Pract.	1887
Lait	Lait	250
Lakokrasočnye Materialy i ich Primenenie	Lakokrasočnye Mater. Primenenie	389r
Lancet	Lancet	2782
Landwirtschaftliche Forschung	Landwirtsch. Forsch.	1603
Lantbrukshögskolans Annaler	Lantbrukshögskolans Ann.	738
Leather Science [Madras, India]	Leather Sci. [Madras, India]	2274
Lebensmittelchemie und Gerichtliche Chemie	Lebensmittelchem. u. gerichtl. Chem.	2465

Leder	Leder	3810
Liebigs Annalen der Chemie	Liebigs Ann. Chem.	26
Light Metals [Tokyo] - Ab Band 18, Nr. 1 (1968): Journal of Japan Institute of Light Metals	Light Metals [Tokyo]	2128
Linde Berichte aus Technik und Wissenschaft	Linde Ber. Techn. Wiss.	2273
Lipid Research. Symposium, Plzeň 1965	Lipid Res., Sympos., Plzeň 1965	4457
Lipids [Chicago]	Lipids [Chicago]	2566
Lisova, Paperova i Derevoobrobna Promyslovist' - Ab 1968, Nr. 1: Lisove Gospodarstvo, Lisova, Paperova i Derevoobrobna Promyslovist'	Lisova, Paperova Derevoobrobna Prom.	403r
Lisove Gospodarstvo, Lisova, Paperova i Derevoobrobna Promyslovist' - Bis 1967, Nr. 6: Lisova, Paperova i Derevoobrobna Promyslovist'	Lisove Gosp., Lisova, Paperova Derevoobrobna Prom.	403r
Listy Cukrovarnické (Zeitschrift für die Zuckerindustrie)	Listy Cukrovarnické	2786
Litejnoe Proizvodstvo	Litejnoe Proizvod.	99r
Lithos [Oslo]	Lithos [Oslo]	4475
Litologija i Poleznye Izkopaemye	Litologija Poleznye Izkopaemye	438r
Lloydia [Cincinnati]	Lloydia [Cincinnati]	4477
Low Temperature Science [Sapporo]. Series A Physical Sciences	Low Temperat. Sci. [Sapporo], Ser. A	4276
Lubrication Engineering	Lubricat. Engng.	2540
Lucrarile Institutului de Cercetări Alimentăre (Arbeiten des Lebensmittelforschungs-Institutes)	Lucrările Inst. Cercetări Alimentăre	2093

Macromolecular Reviews		4438
Macromolecules [Washington]	Macromolecules [Washington]	4471
Magyar Ásványolaj és Földgáz Kisérleti Intézet Közleményei (Mitteilungen des Ungarischen Forschungsinstituts für Erdöl und Erdgas)	Magyar Ásványolaj Földgáz Kisérleti Intézet Közleményei [Mitt. ung. Forsch.-Inst. Erdöl Erdgas]	2369
Magyar Fizikai Folyóirat (Ungarische Physikalische Zeitschrift)	Magyar fizik. Folyóirat [Ung. physik. Z.]	2002
Magyar Kémiai Folyóirat (Ungarische Zeitschrift für Chemie)	Magyar kém. Folyóirat [Ung. Z. Chem.]	256
Magyar Kémikusok Lapja (Blatt der Ungarischen Chemiker)	Magyar Kémikusok Lapja [Bl. ung. Chemiker]	3377
Magyar Textiltechnika (Ungarische Textiltechnik)	Magyar Textiltechn. [Ung. Textiltechn.]	3970
Makromolekulare Chemie [Basel]	Makromolekulare Chem. [Basel]	1518

Malaysian Agricultural Journal	Malaysian agric. J.	259
Manufacturing Chemist and Aerosol News Incorporating Chemical Products	Manufact. Chemist Aerosol News	2973
Masložirovaja Promyšlennost'	Masložirovaja Prom.	20r
Materiale Plastice [Bucureşti]	Mater. plast. [Bucureşti]	2348
Materialprüfung	Materialprüfung	5555
Materials Engineering	Mater. Engng.	2978
Materials Protection	Mater. Protect.	4259
Materials Research Bulletin	Mater. Res. Bull.	4388
Materials Research & Standards	Mater. Res. Standards	3610
Materials Science and Engineering [Amsterdam]	Mater. Sci. Engng. [Amsterdam]	2595
Materie Plastiche ed Elastomeri	Mater. plast. Elastomeri	3147
Mechanika Polimerov	Mech. Polimerov	439r
Meddelelser fra Norsk Farmaceutisk Selskap	Medd. norsk. farmac. Selsk.	1443
Mededelingen van de Koninklijke Vlaamse Academie voor Wetenschappen, Letteren en Schone Kunsten van België. Klasse der Wetenschappen	Meded. Kon. vlaamse Acad. Wetensch., Letteren schone Kunsten België, Kl. Wetensch.	1434a
Medicina del Lavoro	Med. del Lavoro	1977
Medicina et Pharmacologia Experimentalis [Basel] - Ab 1968 (Band 1): Pharmacology [Basel]	Med. Pharmacol. exp. [Basel]	4172
Medicine and Biology [Tokyo]	Med. and Biol. [Tokyo]	2147
Medicinskaja Radiologija	Med. Radiol. [SSSR]	544r
Medycyna Doświadczalna i Mikrobiologia (Experimentelle Medizin und Mikrobiologie)	Med. doświadczalna Mikrobiol.	1127
Melliand Textilberichte	Melliand Textilber.	2791
Mémoires Scientifiques de la Revue de Métallurgie	Mém. sci. Rev. Métallurgie	2864a
Mémoires de la Société Royale des Sciences de Liège	Mém. Soc. roy. Sci. Liège	2047
Memoirs of the College of Science, University of Kyoto. Series A - Ab Band 32, Nr. 1 (1967): Memoirs of the Faculty of Science, Kyoto University. Series of Physics, Astrophysics, Geophysics and Chemistry	Mem. Coll. Sci., Univ. Kyoto, Ser. A	261
Memoirs of the Faculty of Engineering, Kyoto University	Mem. Fac. Engng., Kyoto Univ.	2912
Memoirs of the Faculty of Science, Kyoto University. Series of Physics, Astrophysics, Geophysics and Chemistry - Bis Band 31, Nr. 2 (1967): Memoirs of the College of Science, University of Kyoto. Series A	Mem. Fac. Sci., Kyoto Univ., Ser. Physics, Astrophysics, Geophysics Chem.	261
Memoirs of the Faculty of Science, Kyushu University. Series B Physics	Mem. Fac. Sci., Kyushu Univ., Ser. B	4273a
Memoirs of the Institute of Scientific and Industrial Research. Osaka University	Mem. Inst. sci. ind. Res., Osaka Univ.	1989

Mendel Bulletin	Mendel Bull.	1217
Messtechnik [Braunschweig] - Bis Band 75, Nr. 12 (1967): Zeitschrift für Instrumentenkunde	Messtechnik [Braunschweig]	2936
Mesures - Régulation - Automatisme	Mesures - Régulat. - Automatisme	1458
Metabolism. Clinical and Experimental	Metabolism, clin. and exp.	4232
Metabolismo [Roma]	Metabolismo [Roma]	2502
Metal Finishing	Metal Finishing	2795
Metal Forming Incorporating The Drop Forger	Metal Forming	3314
Metall	Metall	3721
Metallische Überzüge auf Kunststoffen		4339
Metalloberfläche	Metalloberfläche	3700
Metallovedenie i Termičeskaja Obrabotka Metallov	Metallovedenie termičeskaja Obrabotka Metallov	327r
Metallurgia [Manchester]	Metallurgia [Manchester]	2984
Metallurgia Italiana - Mit Sonderteil: Atti Notizie	Metallurgia ital.	3027
Metallurgičeskaja i Gornorudnaja Promyšlennost'	Metallurg. gornorudnaja Prom.	404r
Métallurgie [Mons, Belgium]	Métallurgie [Mons, Belgium]	2388
Métallurgie et la Construction Mécanique	Métallurgie Construct. mécan.	3119
Metal Progress	Metal Progr.	2975
Metalurgia [Bucureşti]	Metalurgia [Bucuresti]	5543b
Métaux	Métaux	2981
Methods of Biochemical Analysis		1823
Methods in Enzymology	Methods in Enzymol.	1923
Metrologia [Berlin]	Metrologia [Berlin]	2455
Michigan State University. Agricultural Experiment Station. Quarterly Bulletin	Michigan State Univ., agric. Exp. Stat., quart. Bull.	1026b
Microchemical Journal [New York]	Microchem. J. [New York]	2122
Microelectronics and Reliability	Microelectronics and Reliability	5748
Microtecnic [Lausanne] - Mit Bulletin "Micro-News"	Microtecnic [Lausanne]	5081
Mikrobiologičnyj Žurnal	Mikrobiol. Ž.	187r
Mikrobiologija	Mikrobiologija	105r
Mikrochimica Acta [Wien]	Mikrochim. Acta [Wien]	843
Mikroskopie [Wien]	Mikroskopie [Wien]	1572
Milchwirtschaftliche Berichte aus den Bundesanstalten Wolfpassing und Rotholz - Mit Beilage: Österreichische Milchwirtschaft	Milchwirtsch. Ber. Bundesanst. Wolfpassing Rotholz	1869
Milchwissenschaft - Mit Sonderteil: Milchwirtschaftlicher Informationsdienst	Milchwissenschaft	3707

Mineralium Deposita [Berlin]	Mineralium Deposita [Berlin]	2593
Mineraloel-Technik	Mineraloel-Techn.	2223
Mineralogical Magazine and Journal of the Mineralogical Society	Mineralog. Mag. J. mineralog. Soc.	269
Mines et Métallurgie	Mines et Métallurg.	2413
Mining Engineering	Mining Engng.	352e
Mitsubishi Denki Laboratory Reports	Mitsubishi Denki Lab. Rep.	6030
Mitteilungen aus der Biologischen Bundesanstalt für Land- und Forstwirtschaft Berlin-Dahlem	Mitt. biol. Bundesanst. Land- u. Forstwirtsch. Berlin-Dahlem	1460c
Mitteilungen der Bundesforschungsanstalt für Forst- und Holzwirtschaft	Mitt. Bundesforsch.-Anst. Forst- u. Holzwirtsch.	3752
Mitteilungen aus dem Gebiete der Lebensmitteluntersuchung und Hygiene [Bern]	Mitt. Gebiete Lebensmitteluntersuchung. Hyg. [Bern]	271
Mitteilungen der Vereinigung der Grosskesselbesitzer	Mitt. Vereinig. Grosskesselbesitzer	3834
Mitteilungen des Vereins Deutscher Emailfachleute E.V.	Mitt. Ver. dtsch. Emailfachleute E.V.	4336
Mitteilungen der Versuchsstation für das Gärungsgewerbe Wien	Mitt. Versuchsstat. Gärungsgewerbe Wien	4014
Mjasnaja Industrija SSSR	Mjasnaja Ind. SSSR	252r
Modern Aspects of Polarography	Mod. Aspects Polarogr.	4344
Modern Casting	Mod. Casting	3688
Modern Drugs	Mod. Drugs	1520
Molecular Crystals	Molecular Crystals	4429
Molecular & General Genetics [Berlin]	Molecular gen. Genetics [Berlin]	2509
Molecular Pharmacology	Molecular Pharmacol.	2555
Molecular Physics	Molecular Physics	1865
Moločnaja Promyšlennost'	Moloč. Prom.	103r
Monatsberichte der Deutschen Akademie der Wissenschaften zu Berlin	Mber. dtsch. Akad. Wiss. Berlin	2208
Monatshefte für Chemie und Verwandte Teile Anderer Wissenschaften	Mh. Chem.	275
Monographien zu "Angewandte Chemie" und "Chemie-Ingenieur-Technik"	Monogr. "Angew. Chem." u. "Chem.-Ing.-Techn."	2924a
Monthly Notices of the Royal Astronomical Society	Monthly Notices Roy. astronom. Soc.	625
Müanyag és Gumi (Kunststoffe und Gummi)	Müanyag és Gumi [Kunststoffe u. Gummi]	2340
Mühle + Mischfuttertechnik	Mühle + Mischfuttertechn.	2811

Nachrichten der Akademie der Wissenschaften in Göttingen. II. Mathematisch-Physikalische Klasse	Nachr. Akad. Wiss. Göttingen, II. math.-physik. Kl.	276a
Nachrichten der Akademie der Wissenschaften in Göttingen. II. Mathe-	Nachr. Akad. Wiss. Göttingen, II. math.-physik.	276c

matisch-Physikalische Klasse. Kurznachrichten	Kl., Kurznachr.	
Nachrichtenblatt für den Deutschen Pflanzenschutzdienst [Berlin]	Nachrichtenbl. dtsch. Pflanzenschutzdienst [Berlin]	3436
Nachrichtenblatt des Deutschen Pflanzenschutzdienstes [Braunschweig]	Nachrichtenbl. dtsch. Pflanzenschutzdienstes [Braunschweig]	3696
Nafta [Katowice] - Mit Beilage: Przegląd Dokumentacyjny Nafty	Nafta [Katowice]	3788
Nafta [Zagreb]	Nafta [Zagreb]	3883
Nagoya Journal of Medical Science	Nagoya J. med. Sci.	1275
Nahrung (Chemie, Biochemie, Mikrobiologie, Technologie)	Nahrung	4103
National Academy of Sciences - National Research Council. Publication	Nat. Acad. Sci. - Nat. Res. Council, Publ.	2053
Nature [London]	Nature [London]	2816
Naturwissenschaften - Mit Sonderteil: Mitteilungen der Gesellschaft Deutscher Naturforscher und Ärzte	Naturwissenschaften	2818
Naturwissenschaftliche Rundschau - Mit Beilage: Mitteilungen des Verbandes Deutscher Biologen E.V.	Naturwiss. Rdsch.	3783
Naučnye Doklady Vysšej Školy. Biologičeskie Nauki	Naučn. Doklady vysšej Školy, biol. Nauki	361rb
Naunyn-Schmiedebergs Archiv für Pharmakologie und Experimentelle Pathologie	Naunyn-Schmiedebergs Arch. Pharmakol. exp. Pathol.	51
Nederlands Melk- en Zuiveltijdschrift	Nederl. Melk- en Zuiveltijdschr.	1766
Nederlands Tijdschrift voor Natuurkunde	Nederl. Tijdschr. Natuurkunde	507
Neftechimija	Neftechimija	400r
Neftepererabotka i Neftechimija	Neftepererabotka i Neftechim.	561rb
Neftjanaja i Gazovaja Promyšlennost'	Neftjanaja gazovaja Prom.	405r
Neftjanoe Chozjajstvo	Neftjanoe Choz.	19r
Nehézipari Müszaki Egyetem Idegennyelvü Közleményei (Mitteilungen der Technischen Universität für Schwerindustrie. Fremdsprachige Ausgabe) a_1)... Bányászat (Bergbau) a_2)... Kohászat. Gépészet (Hüttenwesen. Maschinenbau) - Beide Ausgaben bis 1965, Band 25: Nehézipari Müszaki Egyetem Idegennyelvü Közleményei Bányászat. Kohászat. Gépészet	Nehézipari Müszaki Egyetem Idegennyelvü Közleményei [Mitt. Techn. Univ. Schwerind.] Bányászat [Bergbau] Kohászat. Gépészet [Hüttenwes., Maschinenbau]	5790 a_1+a_2
Nehézipari Müszaki Egyetem Idegennyelvü Közleményei. Bányászat. Kohászat. Gépészet (Mitteilungen der Technischen Universität für Schwerindustrie. Bergbau. Hüttenwesen. Maschinenbau. Fremdsprachige Ausgabe) - Von 1967 (Band 26 bzw. 27) ab aufgeteilt: Nehézipari Müszaki Egyetem	Nehézipari Müszaki Egyetem Idegennyelvü Közleményei, Bányászat, Kohászat, Gépészet [Mitt. Techn. Univ. Schwerind., Bergbau, Hüttenwes., Maschinenbau]	5790a

Idegennyelvü Közleményei. 1) Bányászat und 2) Kohászat. Gépészet		
Nendo Kagaku (Journal of the Clay Science Society of Japan)	Nendo Kagaku [J. Clay Sci. Soc. Japan]	4426
Neoplasma [Bratislava]	Neoplasma [Bratislava]	2241
Netherlands Journal of Agricultural Science	Netherl. J. agric. Sci.	1796
Neue Hütte	Neue Hütte	3839a
Neues Jahrbuch für Geologie und Paläontologie. Monatshefte	Neues Jb. Geol. Paläontol., Mh.	400b
Neues Jahrbuch für Mineralogie. Monatshefte	Neues Jb. Mineralog., Mh.	400a
Neue Technik [Zürich]. B. Kerntechnik	Neue Techn. [Zürich], B	4156b
New Zealand Journal of Agricultural Research	New Zealand J. agric. Res.	2142
New Zealand Journal of Geology and Geophysics	New Zealand J. Geol. Geophysics	2141
New Zealand Journal of Science	New Zealand J. Sci.	2140
Nickel [Milano]	Nickel [Milano]	1914
Nickel-Berichte	Nickel-Ber.	464
Nippon Kessho Gakkaishi (Journal of Japanese Crystallographical Society)	Nippon Kessho Gakkaishi [J. Jap. crystallogr. Soc.]	4310 4310
Nippon Kinzoku Gakkai-Si (Journal of the Japan Institute of Metals)	Nippon Kinzoku Gakkai-Si [J. Japan Inst. Metals]	748
Nordisk Betong	Nordisk Betong	2083
Norsk Skogindustri	Norsk Skogind.	3789
Nuclear Engineering and Design [Amsterdam]	Nuclear Engng. Design [Amsterdam]	2424
Nuclear Engineering Incorporating Nuclear Power	Nuclear Engng. incorp. nuclear Power	5450
Nuclear Fusion [Wien]	Nuclear Fusion [Wien]	2224
Nuclear Instruments and Methods [Amsterdam]	Nuclear Instruments Methods [Amsterdam]	2045
Nuclear-Medizin [Stuttgart]	Nuclear-Med. [Stuttgart]	5494
Nuclear Physics [Amsterdam]	Nuclear Physics [Amsterdam]	5448 a+b
Nuclear Science and Engineering	Nuclear Sci. Engng.	5451
Nukleonik [Berlin]	Nukleonik [Berlin]	5526
Nukleonika [Warszawa]	Nukleonika [Warszawa]	2082
Nuovi Annali d'Igiene e Microbiologia	Nuovi Ann. Igiene Microbiol.	1867
Nuovo Cimento. c)... A. d)... B.	Nuovo Cimento, A B	280 c+d
Nutritio et Dieta [Basel]	Nutrit. et Dieta [Basel]	2210

Oberfläche - Surface [Zürich] - Bis Band 8, Nr. 12 (1967): Galvanotechnik und Oberflächenschutz [Zürich]	Oberfläche - Surface [Zürich]	4219
Ochrona przed Korozją (Schutz vor Korrosion)	Ochrona przed Korozją	2549
Officiel des Activités des Plastiques et du Caoutchouc	Off. Activités Plast. Caoutchouc	4199
Ogneupory	Ogneupory	30r
Ohio Journal of Science	Ohio J. Sci.	593
Oléagineux	Oléagineux	108
Optica Acta [London]	Optica Acta [London]	1924
Optical Rotatory Dispersion and Circular Dichroism in Organic Chemistry		4430
Optik	Optik	1506
Optika i Spektroskopija	Optika i Spektroskopija	333r
Organic Chemical Bulletin	Org. chem. Bull.	1710
Organic Mass Spectrometry	Org. Mass Spectrometry	4458
Organic Reactions		1570
Organic Syntheses	Org. Syntheses	462
Organometallic Chemistry Reviews [Amsterdam] - Ab Band 3, Nr. 1 (1968): Organometallic Reviews. Section A - Subject Reviews [Lausanne]		2546
Organometallic Chemistry Reviews. Section A - Subject Reviews [Lausanne] - Bis Band 2, Nr. 4 (1967): Organometallic Chemistry Reviews [Amsterdam]		2546
ORWO-Repro-Notizen	ORWO-Repro-Notizen	2421

Paint Manufacture	Paint Manufact.	3006
Paint Technology	Paint Technol.	2881
Paint and Varnish Production	Paint Varnish Product.	3280
Pakistan Journal of Biological and Agricultural Sciences	Pakistan J. biol. agric. Sci.	2276
Pakistan Journal of Science	Pakistan J. Sci.	2390
Pakistan Journal of Scientific Research	Pakistan J. sci. Res.	4203
Paperi ja Puu - Papper och Trä (Paper and Timber)	Paperi ja Puu	2828
Paper Technology	Paper Technol.	1170
Papier, Das	Papier	3723
Papír a Celulóza (Papier und Zellulose)	Papír a Celulóza	4068
Parfümerie und Kosmetik	Parfümerie u. Kosmet.	2684
Parfumerie, Cosmétique, Savons	Parfum., Cosmét., Savons	4067
Pathologia et Microbiologia [Basel]	Pathol. et Microbiol. [Basel]	1764

Patologičeskaja Fiziologija i Ėksperimental'naja Terapija	Patologičeskaja Fiziol. ėksper. Terapija	375r
Peintures, Pigments, Vernis	Peintures, Pigments, Vernis	533
Peptides. Proceedings of the European Symposium		4338
Perfumery and Essential Oil Record	Perfum. essent. Oil Rec.	2844
Periodica Polytechnica [Budapest]. Chemisches Ingenieurwesen	Periodica polytechn. [Budapest], chem. Ingenieurwes.	2125a
Periodico di Mineralogia	Periodico Mineralog.	439
Perspectives in Structural Chemistry		4474
Petrol şi Gaze	Petrol şi Gaze	3926
Pflanzenschutzberichte [Wien]	Pflanzenschutzberichte [Wien]	1627
Pflanzenschutz-Nachrichten "Bayer"	Pflanzenschutz-Nachr. "Bayer"	1705
Pflügers Archiv für die Gesamte Physiologie des Menschen und der Tiere	Pflügers Arch. ges. Physiol. Menschen Tiere	50
Pharmaceutica Acta Helvetiae	Pharmac. Acta Helvetiae	329a
Pharmaceutisch Weekblad	Pharmac. Weekbl.	285
Pharmacological Reviews	Pharmacol. Rev.	206a
Pharmacology [Basel] - Bis Band 17, Nr. 6 (1967): Medicina et Pharmacologia Experimentalis [Basel]	Pharmacology [Basel]	4172
Pharmazeutische Praxis - Beilage zu: Pharmazie	Pharmaz. Prax.	3712c
Pharmazeutische Zeitung Vereinigt mit Apotheker-Zeitung	Pharmaz. Ztg. verein. Apotheker-Ztg.	3705
Pharmazeutische Zentralhalle - Bis Band 106, Nr. 12 (1967): Pharmazeutische Zentralhalle für Deutschland	Pharmaz. Zentralhalle	287
Pharmazeutische Zentralhalle für Deutschland - Ab Band 107, Nr. 1 (1968): Pharmazeutische Zentralhalle	Pharmaz. Zentralhalle Deutschland	287
Pharmazie - Mit Beilage: Pharmazeutische Praxis	Pharmazie	3712
Philips Research Reports	Philips Res. Rep.	1567
Philips Research Reports. Supplements	Philips Res. Rep., Suppl.	1567a
Philosophical Magazine - Mit Supplement: Advances in Physics	Philos. Mag.	289
Phosphorsäure	Phosphorsäure	282
Photochemistry and Photobiology	Photochem. and Photobiol.	4278
Photographic Science and Engineering	Photogr. Sci. Engng.	4237
Photographische Korrespondenz	Photogr. Korresp.	2847
Physica [Utrecht]	Physica [Utrecht]	291
Physical Chemistry		4401
Physical Review	Physic. Rev.	294
Physical Review Letters	Physic. Rev. Letters	294a

Physica Status Solidi [Berlin] - Mit Sonderteilen: 1) Short Notes, 2) Abstracts	Physica Status solidi [Berlin]	5664
Physics [New York]	Physics [New York]	5880
Physics and Chemistry of Glasses - Mit Sonderteil: Abstracts	Physics Chem. Glasses	237b
Physics of Fluids	Physics of Fluids	5750
Physics Letters [Amsterdam]	Physics Letters [Amsterdam]	4264 a+b
Physik der Kondensierten Materie	Physik kondens. Materie	2255
Physiologia Bohemoslovenica	Physiol. bohemosloven.	2175
Physiologia Plantarum [Copenhagen]	Physiol. Plantarum [Copenhagen]	4106
Physiological Reviews	Physiol. Rev.	293
Phytochemistry	Phytochemistry	4272
Phytopathologische Zeitschrift	Phytopathol. Z.	606
Pitture e Vernici	Pitture e Vernici	3134
Planseeberichte für Pulvermetallurgie	Planseeber. Pulvermetallurgie	1775
Planta [Berlin]	Planta [Berlin]	526
Planta Medica [Stuttgart]	Planta med. [Stuttgart]	3189a
Plant and Cell Physiology [Tokyo]	Plant Cell Physiol. [Tokyo]	2314
Plant Pathology	Plant Pathol.	1952
Plant Physiology - Mit Supplement: Proceedings of the Plant Physiology Meetings	Plant Physiol.	552
Plant and Soil [The Hague]	Plant and Soil [The Hague]	2166
Plasma Physics - Bis Band 8, Nr. 6 (1966): Plasma Physics - Accelerators - Thermonuclear Research	Plasma Physics	5501c
Plasma Physics-Accelerators-Thermonuclear Research - Ab Band 9, Nr. 1 (1967): Plasma Physics	Plasma Physics-Accelerators-thermonuclear Res.	5501c
Plaste und Kautschuk - Mit den Fachteilen: 1) Anstrichstoffe, 2) Plastverarbeitung und -Anwendung	Plaste u. Kautschuk	3973
Plastica [Delft]	Plastica [Delft]	1604
Plastičeskie Massy	Plastičeskie Massy	59r
Plastické Hmoty a Kaučuk (Plastische Massen und Kautschuk)	Plast. Hmoty Kaučuk	2326
Plastics	Plastings	3430
Plastics Institute. Transactions and Journal - Ab Band 36, Nr. 121 (1968): Plastics & Polymers	Plast. Inst., Trans. and J.	947
Plastics & Polymers - Bis Band 35, Nr. 120 (1967): Plastics Institute. Transactions and Journal	Plastics & Polymers	947

Plastiques Modernes et Élastomères - Bis Band 19, Nr. 1 (1967): Industrie des Plastiques Modernes et Élastomères	Plast. mod. Élastomères	3768
Plating	Plating	262
Počvovedenie	Počvovedenie	177r
Počvoznanie i Agrochimija	Počvoznanie i Agrochim.	450r
Polymer [London]. Chemistry, Physics and Technology of High Polymers	Polymer [London]	4163
Polymer Engineering and Science	Polymer Engng. Sci.	4358
Polimery - Tworzywa Wielkocząsteczkowe (Polymere - Hochmolekulare Stoffe)	Polimery - Tworzywa wielkocząsteczkowe	4101
Pontificiae Academiae Scientiarum Scripta Varia		4491
Poroškovaja Metallurgija	Poroškovaja Metallurg.	324r
Postępy Biochemii (Fortschritte der Biochemie)	Postępy Biochem.	2062
Postępy Fizyki (Fortschritte der Physik)	Postępy Fizyki	2081
Postępy Higieny i Medycyny Doświadczalnej (Fortschritte der Hygiene und Experimentellen Medizin)	Postępy Hig. Med. doświadczalnej	1485
Postępy Nauk Rolniczych (Fortschritte der Landwirtschaftlichen Wissenschaft)	Postępy Nauk rolniczych	1836
Potato Handbook	Potato Handb.	823a
Powder Metallurgy	Powder Metallurgy	4215
Powder Technology [Amsterdam] - Ab Band 1, Nr. 5 (1968): Powder Technology [Lausanne]	Powder Technol. [Amsterdam]	4405
Powder Technology [Lausanne] - Bis Band 1, Nr. 4 (1967): Powder Technology [Amsterdam]	Powder Technol. [Lausanne]	4405
Poznańskie Towarzystwo Przyjaciół Nauk. Wydział Lekarski. Prace Komisji Farmaceutícznej (Posener Gesellschaft der Freunde der Wissenschaft. Ärztliche Abteilung. Arbeiten der Pharmazeutischen Kommission)	Poznańskie Towarzystwo Przyjaciół Nauk, Wydział lekarski, Prace Komisji farmac.	723d
Prace Instytutów Hutniczych (Arbeiten der Hütten-Institute)	Prace Inst. hutniczych	3996
Prace Instytutów u Laboratoriów Badawczych Przemysłu Spożywczego (Arbeiten der Institute und Versuchslaboratorien der Lebensmittelindustrie)	Prace Inst. Lab. badawczych Przemysłu spożywczego	4041
Prace Instytutu Mechaniki Precyzyjnej (Arbeiten des Instituts für Feinmechanik)	Prace Inst. Mechan. precyzyjnej	4015
Prace Instytutu Odlewnictwa (Arbeiten des Instituts für Giessereiwesen)	Prace Inst. Odlewnictwa	2180
Prace Instytutu Włókiennictwa (Arbeiten des Textilinstituts)	Prace Inst. Włókiennictwa	2148
Práce Ústavu pro Výzkum Paliv (Arbeiten des Instituts für Brennstofforschung) - Ab Band 12 (1968): Sborník Praci ÚVP [Ústavu pro Výzkum Paliv]	Práce Ústavu Výzkum Paliv	2032
Präparative Pharmazie	Präparative Pharmazie	2425

Praktische Metallographie	Prakt. Metallogr.	2407
Preparative Inorganic Reactions		2454
Pribory i Technika Ėksperimenta	Pribory Techn. Eksperimenta	559r
Prikladnaja Biochimija i Mikrobiologija	Prikl. Biochim. Mikrobiologija	440r
Probleme der Methodik der Fluor-Bestimmung in Biologischem Material. Kolloquium im Forschungsinstitut der Schweizerischen Aluminium AG, Neuhausen am Rheinfall, Schweiz, 1966	Probl. Methodik Fluor-Bestimm. biol. Mater., Kolloquium Forsch.-Inst. schweiz. Aluminium AG, Neuhausen a. Rheinfall, Schweiz, 1966	4490
Problemy Ėndokrinologii - Bis Band 12, Nr. 6 (1966): Problemy Ėndokrinologii i Gormonoterapii	Probl. Ėndokrinol.	319r
Problemy Ėndokrinologii i Gormonoterapii - Ab Band 13, Nr. 1 (1967): Problemy Ėndokrinologii	Probl. Endokrinol. Gormonoterapii	319r
Problemy Gematologii i Perelivanija Krovi	Probl. Gematol. Perelivanija Krovi	373r
Problemy Syntezy Organicznej (Probleme der Organischen Synthese)	Probl. Syntezy org.	4413
Proceedings of the American Power Conference	Proc. Amer. Power Conf.	5916
Proceedings of the American Society for Horticultural Science	Proc. Amer. Soc. horticult. Sci.	1213
Proceedings of the American Society for Testing and Materials	Proc. Amer. Soc. Testing Mater.	296
Proceedings of the British Ceramic Society		2528
Proceedings of the Indiana Academy of Science	Proc. Indiana Acad. Sci.	1019
Proceedings of the Indian Academy of Sciences. Sect. A	Proc. Indian Acad. Sci., Sect. A	587a
Proceedings of the Seventh International Conference on Phenomena in Ionized Gases, Beograd 1965 - 8. Konferenz siehe unter: Eighth International Conference on Phenomena in Ionized Gases. Contributed Papers, Vienna	Proc. seventh int. Conf. Phenomena ionized Gases, Beograd 1965	5629
Proceedings of the International Conference "Protection against Corrosion by Metal Finishing", Basel 1966	Proc. int. Conf. "Protect. against Corros. Metal Finishing", Basel 1966	4443
Proceedings of the International Conference on the Physics of Semiconductors, Kyoto 1966	Proc. int. Conf. Physics Semiconductors, Kyoto 1966	5744
Proceedings of the XVII International Congress "Chemistry Days 1966" on the Extrem Conditions of Temperature and Pressure in the Chemical Industry, Milan 1966	Proc. XVII int. Congr. "Chem. Days 1966" extreme Condit. Temperat. Pressure chem. Ind., Milan 1966	4461
Proceedings of the Iowa Academy of Science	Proc. Iowa Acad. Sci.	1194
Proceedings of the Japan Academy	Proc. Japan Acad.	300

Proceedings, Koninklijke Nederlandse Akademie van Wetenschappen a)... Series B: Physical Sciences b)... Series C: Biological and Medical Sciences	Proc. Kon. nederl. Akad. Wetensch., Ser. B Ser. C	247 a+b
Proceedings of the National Academy of Sciences of the United States of America	Proc. nat. Acad. Sci. USA	302
Proceedings of the National Institute of Sciences of India. Part A. Physical Sciences	Proc. nat. Inst. Sci. India, Part A	785a
Proceedings of the Physical Society - Ab 1968 (Serie 2, Band 1, Nr. 1): Journal of Physics. A: General (Proceedings of the Physical Society); B: Atomic and Molecular Physics (Proceedings of the Physical Society); C: Solid State Physics (Proceedings of the Physical Society)	Proc. physic. Soc.	303
Proceedings of the Royal Society of Edinburgh. Section A (Mathematical and Physical Sciences)	Proc. Roy. Soc. Edinburgh, Sect. A	306a
Proceedings of the Royal Society [London]. a)... Series A: Mathematical and Physical Sciences b)... Series B: Biological Sciences	Proc. Roy. Soc. [London], Ser. A Ser. B	304 a+b
Proceedings of the Scientific Section of the Toilet Goods Association	Proc. sci. Sect. Toilet Goods Assoc.	4251
Proceedings of the Society for Experimental Biology and Medicine	Proc. Soc. exp. Biol. Med.	407
Proceedings of the Soil Science Society of America	Proc. Soil Sci. Soc. America	3521
Produits et Problèmes Pharmaceutiques	Produits Problèmes pharmac.	1466
Progress in Analytical Chemistry		4487
Progress in Biophysics and Molecular Biology		1858
Progress in the Chemistry of Fats and Other Lipids	Progr. Chem. Fats other Lipids	2294
Progress in High Polymers		2469
Progress in High Temperature Physics and Chemistry	Progr. high Temperat. Physics Chem.	4423
Progress in Inorganic Chemistry		2453
Progress in Materials Science Incorporating Progress in Metal Physics	Progr. Mater. Sci.	4280
Progress in Nuclear Energy. Series IX: Analytical Chemistry	Progr. nuclear Energy, Ser. IX	5493i
Progress in Nucleic Acid Research		2587
Progress in Organic Chemistry	Progr. org. Chem.	2179
Progress in Polymer Science		4424
Progress of Rubber Technology	Progr. Rubber Technol.	556
Progress in Solid State Chemistry		2451
Progress in Stereochemistry	Progr. in Stereochem.	4417

Progress of Theoretical Physics [Kyoto]	Progr. theoret. Physics [Kyoto]	1855
Průmysl Potravin (Lebensmittelindustrie)	Prumysl Potravin	3987
Przegląd Górniczy (Bergbau-Rundschau) - Mit Beilage: Przegląd Dokumentacyjny Górnictwa	Przegląd górniczy	3273
Przegląd Odlewnictwa (Giessereirundschau) - Mit Sonderteil: Biuletyn Informacyjny	Przegląd Odlewnictwa	4053
Przegląd Papierniczy (Papier-Rundschau) - Mit Beilage: Przegląd Dokumentacyjny Papiernictwa	Przegląd papierniczy	3951
Przemysł Chemiczny (Chemische Industrie)	Przemysł chem.	2843
Przemysł Fermentacyjny i Rolny (Industrie für Gärung und Landwirtschaft)	Przemysł Ferment. Rolny	1870
Przemysł Spożywczy (Lebensmittelindustrie)	Przemysł spożywczy	4040
Psychopharmacologia [Berlin]	Psychopharmacologia [Berlin]	4138
Publications of the Astronomical Society of Japan	Publ. astronom. Soc. Japan	1838
Publications of the Astronomical Society of the Pacific	Publ. astronom. Soc. Pacific	1837
Pulp and Paper Magazine of Canada	Pulp Paper Mag. Canada	2855
Pure and Applied Chemistry	Pure appl. Chem.	4188
Pyrethrum Post [Nakuru, Kenya]	Pyrethrum Post [Nakuru, Kenya]	1955

Quaderni dell'Ingegnere Chimico Italiano - Supplement zu: Chimica e Industria [Milano]	Quaderni Ingegnere Chim. ital.	2727a
Qualitas Plantarum et Materiae Vegetabiles [Den Haag]	Qualitas Plantarum Mater. vegetabiles [Den Haag]	2015
Quantum Theory of Atoms, Molecules, and the Solid State		4376
Quarterly Journal of Experimental Physiology and Cognate Medical Sciences	Quart. J. exp. Physiol. cognate med. Sci.	408
Quarterly Journal of Studies on Alcohol	Quart. J. Stud. Alcohol	1639
Quarterly Reviews (Chemical Society, London)	Quart. Rev. (chem. Soc., London)	1661
Queensland Journal of Agricultural and Animal Sciences	Queensland J. agric. Animal Sci.	1011a

Radex-Rundschau	Radex-Rdsch.	3765
Radiation Botany	Radiat. Bot.	2288
Radiation Research	Radiat. Res.	1897

Radiation Research Reviews [Amsterdam]	Radiat. Res. Rev. [Amsterdam]	4480
Radiation Research. Supplement	Radiat. Res., Suppl.	1897a
Radiobiologija	Radiobiologija	401r
Radiochemical Centre, Amersham England. Review		4478
Radiochimica Acta [Frankfurt/M.]	Radiochim. Acta [Frankfurt/M.]	4290
Radiochimija	Radiochimija	363r
Radioisotopy [Praha]	Radioisotopy [Praha]	4372
Rassegna Chimica	Rass. chim.	4073
Rastenievǎdni Nauki [Sofija]	Rastenievǎdni Nauki [Sofija]	413ra
Reakcii i Metody Issledovanija Organičeskich Soedinenij	Reakcii Metody Issledovanija org. Soedinenij	457r
Recent Progress in Hormone Research	Recent Progr. Hormone Res.	1735
Recherches	Recherches	3415
Record of Chemical Progress	Rec. chem. Progr.	2524
Recueil des Travaux Chimiques des Pays-Bas	Recueil Trav. chim. Pays-Bas	314
Regelungstechnische Praxis - Mit Sonderteil: Meß- und Regelmechaniker	Regelungstechn. Prax.	5229b
Rendiconti dell'Istituto Lombardo di Scienze e Lettere. A. Scienze Matematiche, Fisiche, Chimiche e Geologiche	Rend. Ist. lombardo Sci. Lettere, A, Sci. mat., fisiche, chim. geol.	420a
Rendiconti del Seminario della Facoltà di Scienze dell'Università di Cagliari	Rend. Seminario Fac. Sci. Univ. Cagliari	643
Rendiconti dell'Accademia delle Scienze Fisiche e Matematiche, Napoli	Rend. Accad. Sci. fisiche mat., Napoli	315
Report of the Food Research Institute [Tokyo]	Rep. Food Res. Inst. [Tokyo]	4182
Reports of the Faculty of Science, Shizuoka University	Rep. Fac. Sci., Shizuoka Univ.	4330
Reports of the Government Chemical Industrial Research Institute, Tokyo	Rep. Government chem. ind. Res. Inst., Tokyo	1703
Reports of the Government Industrial Research Institute, Nagoya	Rep. Government ind. Res. Inst., Nagoya	4256
Reports of the Hawaiian Sugar Technologists	Rep. Hawaiian Sugar Technologists	594
Reports on the Progress of Applied Chemistry		1600
Reports on Progress in Physics		827
Reprographie	Reprographie	5836
Research Bulletin of the Panjab University	Res. Bull. Panjab Univ.	4113
Residue Reviews [Berlin]		2344
Review of Physical Chemistry of Japan	Rev. physic. Chem. Japan	1005
Review of Polarography [Kyoto]	Rev. Polarogr. [Kyoto]	4403
Review of Scientific Instruments	Rev. sci. Instruments	428

Reviews of Modern Physics	Rev. mod. Physics	236
Reviews of Pure and Applied Chemistry	Rev. pure appl. Chem.	816b
Review of Textile Progress	Rev. Textile Progr.	1637
Revista de Agroquímica y Tecnología de Alimentos	Rev. Agroquím. Tecnol. Alimentos	4258
Revista Brasileira de Química (Ciencia & Industria)	Rev. brasil. Quím.	3281
Revista de Chimie [Bucureşti]	Rev. Chim. [Bucureşti]	3972
Revista de Ciencia Aplicada	Rev. Ci. apl.	3881
Revista Española de Fisiología - Mit Supplement: Proceedings of the Fifth Latin International Biochemical Meeting	Rev. españ. Fisiol.	4092
Revista da Faculdade de Farmácia e Bioquímica da Universidade de São Paulo	Rev. Fac. Farmác. Bioquím. Univ. São Paulo	2311
Revista de la Facultad de Ingeniería Química	Rev. Fac. Ing. Quím.	713
Revista Medicală [Tîrgu-Mureş, RPP' (Revue Médicale)	Rev. med. [Tîrgu-Mureş, RPR]	4137
Revista de Metalurgia [Madrid]	Rev. Metalurgia [Madrid]	2470
Revista Minelor (Zeitschrift für Bergbau)	Rev. Minelor	4024
Revista de Plásticos Modernos	Rev. Plásticos mod.	3851
Revista Portuguesa de Química	Rev. portuguesa Quím.	2328
Revista de la Sociedad Química de México	Rev. Soc. quím. México	4201
Revue de l'Association Française des Techniciens du Pétrole	Rev. Assoc. franç. Techniciens Pétrole	794
Revue Belge des Matières Plastiques - Belgisch Tijdschrift voor Kunststoffen	Rev. belge Matières plast.	2336
Revue Canadienne de Biologie	Rev. canad. Biol.	1866
Revue de Chimie Minérale	Rev. Chim. minérale	2449
Revue des Fermentations et des Industries Alimentaires	Rev. Fermentat. Ind. aliment.	11
Revue Française des Corps Gras	Rev. franç. Corps gras	2126
Revue Française d'Études Cliniques et Biologiques	Rev. franç. Études clin. biol.	4102
Revue Générale du Caoutchouc et des Plastiques	Rev. gén. Caoutchouc Plastiques	2871
Revue Générale de Thermique	Rev. gén. Thermique	2648
Revue de l'Industrie Minérale	Rev. Ind. minérale	3130
Revue de l'Institut Français du Pétrole et Annales des Combustibles Liquides	Rev. Inst. franç. Pétrole Ann. Combustibles liquides	3759
Revue Internationale des Hautes Températures et des Réfractaires	Rev. int. hautes Températ. Réfractaires	2309
Revue de Métallurgie	Rev. Métallurgie	2864
Revue du Nickel	Rev. du Nickel	3037
Revue de Physique Appliquée - Supplement zu: Journal de Physique	Rev. Physique appl.	2756b
Revue Roumaine de Biochimie	Rev. roum. Biochim.	2418

Revue Roumaine de Chimie	Rev. roum. Chim.	1964
Revue Roumaine de Géologie, Géophysique et Géographie. Série de Géologie	Rev. roum. Géol., Géophysique Géogr., Sér. Géol.	2525
Revue Roumaine de Physiologie	Rev. roum. Physiol.	2589
Revue Roumaine de Physique	Rev. roum. Physique	2031
Revue Roumaine des Sciences Techniques. Série de Mécanique Appliquée	Rev. roum. Sci. techn., Sér. Mécan. appl.	5433
Revue Technique des Industries du Cuir - Mit Supplement: Bulletin de l'Association Française des Ingénieurs, Chimistes et Techniciens des Industries du Cuir de la Chaussure et Autres Industries Utilisatrices et Documents et Informations du Centre Technique du Cuir	Rev. techn. Ind. Cuir	2676
Revue Universelle des Mines, de la Métallurgie, de la Mécanique, des Travaux Publics, des Sciences et des Arts Appliqués à l'Industrie	Rev. univ. Mines, Métallurgie, Mécan., Trav. publ., Sci. Arts appl. Ind.	2874
Rheologica Acta (Ergänzungshefte zur Kolloid-Zeitschrift)	Rheol. Acta (Ergänzungsh. z. Kolloid-Z.)	2771a
Ricerca Scientifica	Ricerca sci.	325
Riechstoffe, Aromen, Körperpflegemittel	Riechstoffe, Aromen, Körperpflegemittel	3899
Rivista dei Combustibili	Riv. Combustibili	1917
Rivista Italiana Essenze, Profumi, Piante Officinali, Aromi, Saponi, Cosmetice, Aerosol	Riv. ital. Essenze, Profumi, Piante officin., Aromi, Saponi, Cosmet., Aerosol	2877
Rivista Italiana delle Sostanze Grasse	Riv. ital. Sostanze grasse	2743
Roczniki Chemii (Annales Societatis Chimicae Polonorum)	Roczniki Chem. [Ann. Soc. chim. Polonorum]	797
Roczniki Nauk Rolniczych. Seria A. Roślinna (Jahrbücher der Landwirtschaftlichen Wissenschaften. Pflanzen)	Roczniki Nauk rolniczych, Ser. A	745a
Roczniki Państwowego Zakładu Higieny (Jahrbücher des Staatlichen Hygieneinstitutes)	Roczniki państwowego Zakładu Hig.	2124
Roczniki Technologii i Chemii Żywności (Jahrbücher der Lebensmittel-Chemie und -Technologie)	Roczniki Technol. Chem. Żywności	2160
Rostlinná Výroba (Pflanzenproduktion)	Rostlinná Výroba	327c
Rubber Chemistry and Technology	Rubber Chem. Technol.	326
Rudy (Erze) - Mit Sonderteil: Práce Výzkumnych Ústavu	Rudy	3893b
Rudy i Metale Nieżelazne (Erze und Nichteisenmetalle)	Rudy Metale nieżelazne	2488

Sacharnaja Promyšlennost'	Sacharnaja Prom.	36r
Sbornik Praci Ústavu pro Výzkum Rud (Sammlung der Arbeiten des Instituts für Erzforschung)	Sbornik Praci Ústavu Výzkum Rud	4466
Sbornik Praci ÚVP [Ústavu pro Výzkum Paliv] (Sammlung der Arbeiten des Instituts für Brennstofforschung) - Bis Band 11 (1965): Prace Ústavu pro Výzkum Paliv	Sbornik Praci ÚVP	2032
Sbornik Vedeckých Prác Vysokej Školy Technickej v Košiciach (Sammlung Wissenschaftlicher Arbeiten der Technischen Hochschule Košice)	Sbornik vedeckých Prác Vysokej Školy techn. v Košiciach	4240
Sbornik Vysokého Učení Technického v Brně (Bulletin of the Technical University of Brno)	Sbornik vysokého Učení techn. Brně	586
Sbornik Vysoké Školy Chemicko-Technologické v Praze (Scientific Papers of the Institute of Chemical Technology, Prague).	Sbornik Vysoké Školy chem.-technol. Praze,	2267 a-g
a_1).. Anorganická Chemie a Technologie (Inorganic Chemistry and Technology)	anorg. Chem. Technol.	
a_2).. Organická Chemie a Technologie (Organic Chemistry and Technology)	org. Chem. Technol.	
b)... Potraviny (Food)	Potraviny	
c)... Technologie Paliv (Technology of Fuel)	Technol. Paliv	
d)... Technologie Vody (Technology of Water)	Technol. Vody	
e)... Mineralogie (Mineralogy)	Mineralogie	
f)... Analytická Chemie (Analytical Chemistry)	analyt.Chem.	
g)... Chemické Inženýrství a Automatizace (Chemical Engineering and Automation)	chem. Inž. Automatizace	
Scandinavian Journal of Clinical & Laboratory Investigation	Scand. J. clin. Lab. Invest.	1738
Scandinavian Journal of Clinical & Laboratory Investigation. Supplementum	Scand. J. clin. Lab. Invest., Suppl.	1738a
Schmierstoffe und Schmierungstechnik	Schmierstoffe u. Schmier.-Techn.	4390
Schmiertechnik - Ab Band 15, Nr. 1 (1968): Schmiertechnik + Tribologie	Schmiertechnik	3945
Schmiertechnik + Tribologie - Bis Band 14, Nr. 6 (1967): Schmiertechnik	Schmiertechn. + Tribol.	3945
School Science Review	School Sci. Rev.	1075
Schriftenreihe der Staatlichen Zentrale für Strahlenschutz	Schriftenr. staatl. Zentrale Strahlenschutz	4395
Schweissen und Schneiden	Schweissen u. Schneiden	3803
Schweisstechnik [Berlin]	Schweisstechnik [Berlin]	2826
Schweizer Archiv für Angewandte Wissenschaft und Technik	Schweiz. Arch. angew. Wiss. Techn.	3128
Schweizerische Mineralogische und Petrographische Mitteilungen	Schweiz. mineralog. petrogr. Mitt.	340

Science [Washington]	Science [Washington]	2884
Science Bulletin of the Faculty of Agriculture, Kyushu University	Sci. Bull. Fac. Agric., Kyushu Univ.	962
Science et Industries Photographiques	Sci. Ind. photogr.	2886
Science of Light [Tokyo]	Sci. Light [Tokyo]	4449
Science Reports. College of General Education, Osaka University	Sci. Rep., Coll. gen. Educat., Osaka Univ.	2265
Science Reports of the Research Institutes Tôhoku University. Series C (Medicine). Reports of the Research Institute for Tuberculosis and Leprosy	Sci. Rep. Res. Inst. Tôhoku Univ., Ser. C	1803c
Science Reports of Saitama University. Series A (Mathematics, Physics and Chemistry)	Sci. Rep. Saitama Univ., Ser. A	1763
Science Reports of the Tôhoku University. a)... Series I: Physics, Chemistry, Astronomy	Sci. Rep. Tôhoku Univ., Ser. I	333 a–c
b)... Series III: Mineralogy, Petrology and Economic Geology	Ser. III	
c)... Series IV: Biology	Ser. IV	
Science Tools [Stockholm]	Sci. Tools [Stockholm]	3962
Scientiae Pharmaceuticae. Proceedings of the 25th Congress of Pharmaceutical Sciences, Prague 1965	Sci. pharmac., Proc. 25th Congr. pharmac. Sci., Prague 1965	1992
Scientia Pharmaceutica [Wien]	Sci. pharmac. [Wien]	3525b
Scientific Papers of the College of General Education. University of Tokyo	Sci. Pap. Coll. gen. Educat., Univ. Tokyo	1767
Scientific Papers of the Institute of Physical and Chemical Research [Saitama, Japan] - Bis Band 62, Nr. 1: Scientific Papers of the Institute of Physical and Chemical Research [Tokyo]. - Enthält "Abstracts" der in: Reports of the Institute of Physical and Chemical Research (Rikagaku Kenkyusho Hokoku) veröffentlichten japanischen Originalarbeiten	Sci. Pap. Inst. physic. chem. Res. [Saitama, Japan]	337
Scientific Papers of the Institute of Physical and Chemical Research [Tokyo] - Ab Band 62, Nr. 2: Scientific Papers of the Institute of Physical and Chemical Research [Saitama, Japan]. - Enthält "Abstracts" der in: Reports of the Institute of Physical and Chemical Research (Rikagaku Kenkyusho Hokoku) veröffentlichten japanischen Originalarbeiten	Sci. Pap. Inst. physic. chem. Res. [Tokyo]	337
Scientific Proceedings of the Royal Dublin Society. Series A	Sci. Proc. Roy. Dublin Soc., Ser. A	338a
Scripta Medica Facultatis Medicae Universitatis Brunensis Purkynianae	Scripta med. Fac. Med. Univ. Brunensis Purkynianae	1863
Seifen-Öle-Fette-Wachse	Seifen-Öle-Fette-Wachse	2890
Seikagaku [Biochemie, Tokyo]	Seikagaku [Biochemie, Tokyo]	1835

SEITA [Service d'Exploitation Industrielle des Tabacs et des Allumettes]. Annales de la Direction des Études et de l'Équipement	SEITA, Ann. Direct. Études Équipement	2442
Selecta Chimica [São Paulo]	Selecta chim. [São Paulo]	2282
Selected Topics in Structure Chemistry		4432
Sel'skochozjajstvennaja Biologija	Sel'skochoz. Biol.	248r
Separation Science	Separat. Sci.	4382
Sheet Metal Industries	Sheet Metal Ind.	3096
Shokubai [Catalyst, Tokyo]	Shokubai [Catalyst, Tokyo]	2480
Silicates Industriels	Silicates ind.	3104
Silikattechnik	Silikattechnik	3828
Silikáty [Praha]	Silikáty [Praha]	1935
Sitzungsberichte der Finnischen Akademie der Wissenschaften	S.-B. finn. Akad. Wiss.	1489
Sitzungsberichte der Österreichischen Akademie der Wissenschaften. Mathematisch-Naturwissenschaftliche Klasse. Abt. II: Mathematik, Astronomie, Physik, Meteorologie und Technik	S.-B. österr. Akad. Wiss., math.-naturwiss. Kl., Abt. II	341a
Sitzungsberichte der Sächsischen Akademie der Wissenschaften zu Leipzig. Mathematisch-Naturwissenschaftliche Klasse	S.-B. sächs. Akad. Wiss. Leipzig, math.-naturwiss. Kl.	77b
Sklář a Keramik (Glas und Keramik)	Sklář a Keram.	3998
Slévárenství (Giessereiwesen)	Slévárenství	4042
Smit-Schweisstechnik	Smit-Schweisstechnik	4469
Soap, Perfumery and Cosmetics	Soap, Perfum. Cosmet.	3506
Societas Scientiarum Fennica. Commentationes Physico-Mathematicae	Soc. Sci. fenn., Comment. physico-math.	345
Societatis Scientiarum Lodziensis. Acta Chimica	Soc. Sci. Lodziensis, Acta chim.	2064
Society of Petroleum Engineers Journal	Soc. Petroleum Engr. J.	2341
Söripar (Braugewerbe)	Söripar [Braugewerbe]	4378
Soil Science	Soil Sci.	346
Soil Science and Plant Nutrition [Tokyo]	Soil Sci. Plant Nutrit. [Tokyo]	1979
Solar Energy	Solar Energy	4079
Solid State Communications - Supplement zu: Journal of Physics and Chemistry of Solids	Solid State Commun.	2131a
Solvay Institute. Proceedings of the Thirteenth Conference on Chemistry, Brussels 1965	Solvay Inst., Proc. thirteenth Conf. Chem., Brussels 1965	665
Solvent Extraction Chemistry. Proceedings of the International Conference, Gothenburg, Sweden, 1966		4425
Sonderbände zur Strahlentherapie	Sonderbände z. Strahlentherapie	348a
Soobščenija Akademii Nauk Gruzinskoj SSR	Soobšč. Akad. Nauk Gruz. SSR	312r

Soudage et Techniques Connexes	Soudage Techn. connexes	3820
South African Chemical Processing Incorporating South African Industrial Chemist	South African chem. Processing	4301
Sowjetische Beiträge zur Faserforschung und Textiltechnik in Deutscher Übersetzung	Sowjet. Beitr. Faserforsch. Textiltechn. dtsch. Übersetz.	368ra
Special'nye Stali i Splavi	Spec. Stali Splavi	441r
Spectrochimica Acta [Oxford]. a)... Part A: Molecular Spectroscopy b)... Part B: Atomic Spectroscopy	Spectrochim. Acta [Oxford], Part A Part B	68 a+b
Spectroscopy Letters	Spectroscopy Letters	4476
SPE Journal [Society of Plastics Engineers]	SPE Journal	3958
Sperimentale	Sperimentale	981
Spisanie na Bǎlgarskoto Geologičesko Družestvo [Sofija]	Spis. Bǎlgarskoto geol. Druž. [Sofija]	394r
Sprechsaal für Keramik, Glas, Email, Silikate - Mit Beilage: Angewandte Mess- und Regeltechnik	Sprechsaal Keram., Glas, Email, Silikate	2893
Springer Tracts in Modern Physics [Berlin]	Springer Tracts mod. Physics [Berlin]	1073
Städtehygiene	Städtehygiene	3882
Stärke	Stärke	3797
Stahl und Eisen	Stahl u. Eisen	2894
Stal'	Stal'	115r
Stal in Deutsch	Stal in Dtsch.	115ra
Staub - Reinhaltung der Luft	Staub - Reinhalt. Luft	709
Stavivo (Baustoffe)	Stavivo	2887
Steklo i Keramika	Steklo i Keramika	61r
Stereology. Proceedings of the Second International Congress for Stereology, Chicago 1967	Stereol., Proc. second int. Congr. Stereol., Chicago 1967	4465
Steroids	Steroids	2535
Strahlentherapie - Mit: Sonderbände zur Strahlentherapie	Strahlentherapie	348
Strassen- und Tiefbau - Mit Beilage: Licht und Farbe im Bauwesen	Strassen- u. Tiefbau	3727
Stroitelni Materiali i Silikatna Promišlenost [Sofija]	Stroitelni Mater. silikatna Prom. [Sofija]	433r
Stroitel'nye Materialy	Stroitel'nye Mater.	313r
Structure and Bonding [Berlin]		4353
Studia Biophysica, Berlin	Studia biophysica, Berlin	4349
Studia Societatis Scientiarum Torunensis. Sectio B (Chemia)	Studia Soc. sci. Torunensis, Sect. B	4150
Studia Universitatis Babeş-Bolyai [Cluj]. Series Chemia	Studia Univ. Babeş-Bolyai [Cluj], Ser. Chem.	2163
Studies in Conservation	Stud. in Conservat.	2365

Studii şi Cercetări de Biochimie [Bucureşti] (Études et Recherches de Biochimie)	Studii Cercetări Biochim. [Bucureşti]	2182
Studii şi Cercetări de Chimie [Bucureşti] (Études et Recherches de Chimie)	Studii Cercetări Chim. [Bucureşti]	1938
Studii şi Cercetări de Fizică [Bucureşti] (Études et Recherches de Physique)	Studii Cercetări Fizică [Bucureşti]	2029
Studii şi Cercetări de Fiziologie [Bucureşti]	Studii Cercetări Fiziol. [Bucureşti]	2011
Studii şi Cercetări de Mecanică Aplicată [Bucureşti] (Études et Recherches de Mécanique Appliquée)	Studii Cercetări Mecan. apl. [Bucureşti]	2095
Studii şi Cercetări de Metalurgie [Bucureşti] (Études et Recherches de Métallurgie)	Studii Cercetări Metalurgie [Bucureşti]	2028
Subsidia Medica [Wien]	Subsidia med. [Wien]	1616
Suiyokwai-Shi (Transactions of the Mining and Metallurgical Association)	Suiyokwai-Shi [Trans. Mining metallurg. Assoc.]	1114
Suomalaisen Tiedeakatemian Toimituksia (Annales Academiae Scientiarum Fennicae). Series A. VI. Physica	Suomalaisen Tiedeakatemian Toimituksia [Ann. Acad. Sci. fenn.], Ser. A. VI	574f
Suomen Kemistilehti (Finnische Chemiker-Zeitung)	Suomen Kemistilehti	2953
Supplemento al Nuovo Cimento	Suppl. Nuovo Cimento	280a
Supplement of the Progress of Theoretical Physics [Kyoto]	Suppl. Progr. theoret. Physics [Kyoto]	1855a
Surface Science [Amsterdam]	Surface Sci. [Amsterdam]	2287
Svaročnoe Proizvodstvo	Svaročnoe Proizvod.	341r
Svensk Kemisk Tidskrift	Svensk kem. Tidskr.	350
Svensk Papperstidning	Svensk Papperstidn.	2898
Symposia of the Society for Experimental Biology		1731
Symposium of the Faraday Society	Sympos. Faraday Soc.	360b
Eighteenth Symposium of the Society for General Microbiology, London 1968		4485
Szczecinskie Towarzystwo Naukowe. Wydział Nauk Matematycznych i Technicznych (Wissenschaftliche Gesellschaft Szczecin. Abteilung Mathematische und Technische Wissenschaft)	Szczecinskie Towarzystwo naukowe, Wydział Nauk mat. techn.	4370
Szkło i Ceramika (Glas und Keramik) - Mit Beilagen: 1) Biuletyn Instytutu Wzornictwa Przemysłowego, 2) Przegląd Dokumentacyjny Wzornictwa	Szkło i Ceram.	4094
Talanta [London]. International Journal of Analytical Chemistry	Talanta [London]	4118
Tappi [Technical Association of the Pulp and Paper Industry]	Tappi	3156

Technik - Mit Sonderteil: Stahlberatungsstelle der VVB Stahl- und Walzwerke. Mitteilung	Technik	3698
Technikgeschichte	Technikgeschichte	5934
Techniques du Pétrole	Techn. du Pétrole	2959
Technische Mitteilungen Krupp. a)... Forschungsberichte b)... Werksberichte	Techn. Mitt. Krupp, Forsch.-Ber. Werksber.	2777 a+b
Technisch-Wissenschaftliche Abhandlungen der Osram-Gesellschaft	Techn.-wiss. Abh. Osram-Ges.	829
Technology [Sindri, India]	Technology [Sindri, India]	2389
Technology Reports of the Iwate University, Morioka, Japan	Technol. Rep. Iwate Univ., Morioka, Japan	4441
Tehnika [Beograd]	Tehnika [Beograd]	5537
Teintex	Teintex	3255
Tekstil'naja Promyšlennost'	Tekst. Prom.	89r
Tekstilna Promišlenost [Sofija]	Tekst. Prom. [Sofija]	408r
Tenside [München]. Zeitschrift für Physik, Chemie und Anwendung Grenzflächenaktiver Stoffe	Tenside [München]	2411
Teoretičeskaja i Ėksperimental'naja Chimija	Teoret. ėksper. Chim.	421r
Teoretičeskie Osnovy Chimičeskoj Technologii	Teoret. Osnovy chim. Technologii	465r
Teplofizika Vysokich Temperatur	Teplofiz. vysokich Temperatur	411r
Tetrahedron [London]. International Journal of Organic Chemistry	Tetrahedron [London]	2070
Tetrahedron Letters [London]	Tetrahedron Letters [London]	2070a
Tetsu-to-Hagané (Journal of the Iron and Steel Institute of Japan)	Tetsu-to-Hagané [J. Iron Steel Inst. Japan]	3218
Tex, De	De Tex	3758
Textil [Praha]	Textil [Praha]	4033
Textile Institute and Industry	Textile Inst. Ind.	240d
Textile Journal of Australia	Textile J. Australia	3856
Textile Manufacturer	Textile Manufacturer	3103
Textile Research Journal	Textile Res. J.	1369
Textilipari Kutató Intézet (Forschungsinstitut für die Textilindustrie)	Textilipari Kutató Intézet [Forsch.-Inst. Textilind.]	4435
Textilis [Gent]	Textilis [Gent]	3968
Textil-Praxis	Textil-Praxis	3702
Textilveredlung [Basel]	Textilveredlung [Basel]	2510
Theoretica Chimica Acta [Berlin]	Theoret. chim. Acta [Berlin]	4298
Therapia Hungarica	Therap. hung.	2412
Thérapie	Thérapie	1847
Thin Films	Thin Films	4486

Thin Solid Films [Amsterdam] - Ab Band 2, Nr. 1/2 (1968): Thin Solid Films [Lausanne]	Thin solid Films [Amsterdam]	4459
Thin Solid Films [Lausanne] - Bis Band 1, Nr. 3 (1967): Thin Solid Films [Amsterdam]	Thin solid Films [Lausanne]	4459
Tidsskrift for Kjemi, Bergvesen og Metallurgi	Tidsskr. Kjemi, Bergves. Metallurgi	2905
Tidsskrift for Planteavl	Tidsskr. Planteavl	1395
Tinctoria [Milano]	Tinctoria [Milano]	3434
Tłuszcze, Środki Piorące, Kosmetyki (Fats, Detergents, Cosmetics)	Tłuszcze, Środki Piorące, Kosmet.	4363
Tobacco Science	Tobacco Sci.	4226
Tohoku Journal of Experimental Medicine	Tohoku J. exp. Med.	436
Tonindustrie-Zeitung und Keramische Rundschau	Tonind.-Ztg. keram. Rdsch.	2906
Topics in Pharmaceutical Sciences		4481
Torfjanaja Promyšlennost'	Torfjanaja Prom.	52r
Toxicology and Applied Pharmacology	Toxicol. appl. Pharmacol.	4097
Toxicon [Oxford]	Toxicon [Oxford]	2512
Transactions of American Society for Metals	Trans. Amer. Soc. Metals	358
Transactions of the British Ceramic Society - Mit Sonderteil: British Ceramic Abstracts	Trans. Brit. ceram. Soc.	359
Transactions of the Faraday Society	Trans. Faraday Soc.	360
Transactions of the Illinois State Academy of Science	Trans. Illinois State Acad. Sci.	1089
Transactions of the Institute of Metal Finishing Incorporating Electrodepositors' Technical Society	Trans. Inst. Metal Finishing	1101
Transactions of the Iron and Steel Institute of Japan	Trans. Iron Steel Inst. Japan	2322
Transactions of the Japan Institute of Metals	Trans. Japan Inst. Metals	748c
Transactions of the Japan Society of Mechanical Engineers	Trans. Japan Soc. mechan. Engr.	3499
Transactions of the Manchester Association of Engineers	Trans. Manchester Assoc. Engr.	996
Transactions of the Metallurgical Society of AIME	Trans. metallurg. Soc. AIME	$352x_1$
Transactions of National Research Institute for Metals [Tokyo]	Trans. nat. Res. Inst. Metals [Tokyo]	2293
Transactions of the New York Academy of Sciences	Trans. New York Acad. Sci.	4119
Transactions of the Society of Mining Engineers	Trans. Soc. Mining Engr.	$352x_2$
Transactions of the Society of Rheology	Trans. Soc. Rheol.	2123
Transactions of the Wisconsin Academy of Sciences, Arts and Letters	Trans. Wisconsin Acad. Sci., Arts Letters	588

Travaux de la Société de Pharmacie de Montpellier	Trav. Soc. Pharmac. Montpellier	1579
Tribune du Cebedeau	Tribune du Cebedeau	4064
Tropical Agriculture	Trop. Agric.	3454
Trudy Akademii Nauk Litovskoj SSR. a)... Serija B. Chimija, Technika, Geografija	Trudy Akad. Nauk Lit. SSR, Ser. B	454r a+b
b)... Serija V. Biologičeskie Nauki	Ser. V	
Trudy Instituta Chimii. Akademija Nauk SSSR. Ural'skij Filial	Trudy Inst. Chim. Akad. Nauk SSSR. Ural'skij Filial	418r
Tschermaks Mineralogische und Petrographische Mitteilungen	Tschermaks mineralog. petrogr. Mitt.	386c
Tumor Research [Sapporo]	Tumor Res. [Sapporo]	4414
Turun Yliopiston Julkaisuja (Annales Universitatis Turkuensis). Sarja A. I. Astronomica-Chemica-Physica-Mathematica	Turun Yliopiston Julkaisuja [Ann. Univ. Turkuensis], Sarja A. I	2227
Tydskrif vir Natuurwetenskappe [Pretoria]	Tydskr. Natuurwet. [Pretoria]	2169
TZ für Praktische Metallbearbeitung	TZ prakt. Metallbearb.	3093

Ugol'	Ugol'	168r
Uhlí (Kohle)	Uhlí	3893a
Ukrainskij Chimičeskij Žurnal	Ukrainskij chim. Ž.	31r
Ukraïns'kyj Biochimičnyj Žurnal	Ukraïns'kyj biochim. Ž.	102r
Ukraïns'kyj Botaničnyj Žurnal	Ukraïns'kyj botaničnyj Ž.	271r
Ukraïns'kyj Fizyčnyj Žurnal	Ukraïns'kyj fiz. Ž.	362r
Ultrasonics	Ultrasonics	2261
United States Department of the Interior Bureau of Mines. Bulletin	U. S. Dep. Interior, Bur. Mines, Bull.	442a
Uspechi Chimii	Usp. Chim.	65r
Uspechi Fizičeskich Nauk	Usp. fiz. Nauk	108r
Uspechi Naučnoj Fotografii	Usp. nauč. Fotografii	419r
Uspechi Sovremennoj Biologii	Usp. sovremennoj Biol.	136r
Uzbekskij Biologičeskij Žurnal	Uzbekskij biol. Ž.	339ra
Uzbekskij Chimičeskij Žurnal	Uzbekskij chim. Ž.	339re

Vacuum [Oxford]	Vacuum [Oxford]	5333
Vakuum-Technik	Vakuum-Techn.	5268
Valtion Teknillinen Tutkimuslaitos (State Institute for Technical Research). a)... Julkaisu (Publication)	Valtion tekn. Tutkimuslaitos [State Inst. techn. Res.], Julkaisu	1840 a, d
d)... Sarja II: Metalli (Series II: Metal and Electricity)	Sarja II [Ser. II]	

VDI-Zeitschrift	VDI-Z.	2923
VEB Carl Zeiss Jena Nachrichten	VEB Carl Zeiss Jena Nachr.	684
Verfahrenstechnik	Verfahrenstechnik	4463
Verhandelingen van de Koninklijke Vlaamse Academie voor Wetenschappen, Letteren en Schone Kunsten van Belgie. Klasse der Wetenschappen	Verh. Kon. vlaamse Acad. Wetensch., Letteren schone Kunsten Belgie, Kl. Wetensch.	1434b
Verhandlungen der Deutschen Gesellschaft für Pathologie	Verh. dtsch. Ges. Pathol.	842a
Verres et Réfractaires	Verres et Réfractaires	1852
Vestnik Akademii Nauk Kazachskoj SSR	Vestnik Akad. Nauk Kaz. SSR	284r
Vestnik Leningradskogo Universiteta. a)... Biologija d)... Fizika. Chimija - Beide Serien bis Band 21, Nr. 4 (1966): Vestnik Leningradskogo Universiteta. Serija Biologii. Serija Fiziki i Chimii	Vestnik Leningradskogo Univ., Biol. Fiz., Chim.	309r a+d
Vestnik Leningradskogo Universiteta. a)... Serija Biologii d)... Serija Fiziki i Chimii - Beide Serien ab Band 22, Nr. 1 (1967): Vestnik Leningradskogo Universiteta. Biologija. Fizika. Chimija	Vestnik Leningradskogo Univ., Ser. Biol. Ser. Fiz. Chim.	309r a+d
Vestnik Mašinostroenija	Vestnik Mašinostr.	225r
Vestnik Moskovskogo Universiteta. b)... Serija II Chimija c)... Serija III Fizika, Astronomija e)... Serija VI Biologija i Počvovedenie	Vestnik Moskovskogo Univ., Ser. II Ser. III Ser. VI	282r b, c, e
Vestnik Sel'skochozjajstvennoj Nauki	Vestnik sel'skochoz. Nauki	374r
Věstnik Slovenskega Kemijskega Društva (Bulletin of the Slovene Chemical Society)	Věstnik sloven. kem. Društva	2171
Věstník Ústředního Ústavu Geologického (Anzeiger der Zentralen Geologischen Anstalt)	Věstník ústředního Ústavu geologického	437
Veszprémi Vegyipari Egyetem Közleményei (Mitteilungen der Universität für Chemische Industrie Veszprém)	Veszprémi Vegyipari Egyetem Közleményei [Mitt. Univ. chem. Ind. Veszprém]	4227
Vetro e Silicati	Vetro e Silicati	2259
VFDB-Zeitschrift.Forschung und Technik im Brandschutz	VFDB-Z., Forsch. Techn. Brandschutz	2233
Vinodelie i Vinogradarstvo SSSR	Vinodelie Vinogradarstvo SSSR	228r
Virology	Virology	1940
Vitamins [Kyoto]	Vitamins [Kyoto]	1945
Vitamins and Hormones		1622
Vitis. Berichte über Rebenforschung	Vitis, Ber. Rebenforsch.	2092
Vodní Hospodářství (Wasserwirtschaft)	Vodní Hospodářství	5469
Vodosnabženie i Sanitarnaja Technika	Vodosnabž. san. Techn.	170r

Voprosy Medicinskoj Chimii	Vopr. med. Chim.	323r
Voprosy Virusologii	Vopr. Virusol.	369r
Vysokomolekuljarnye Soedinenija - Ab Band 9, Nr. 1 (1967): Vysokomolekuljarnye Soedinenija. Serija A. Serija B	Vysokomolekuljarnye Soedinenija	368r
Vysokomolekuljarnye Soedinenija. b)... Serija A c)... Serija B - Bis Band 8, Nr. 12 (1966): Vysokomolekuljarnye Soedinenija	Vysokomolekuljarnye Soedinenija, Ser. A Ser. B	368r b+c
Wallerstein Laboratories Communications	Wallerstein Lab. Commun.	3490
Wasser, Vom	Wasser	1479
Wasser und Boden	Wasser u. Boden	3964
Wasser, Luft und Betrieb	Wasser, Luft Betr.	4139
Wasserwirtschaft-Wassertechnik	Wasserwirtsch.-Wassertechn.	5056
Water Pollution Control	Water Pollut. Control	905
Water Research	Water Res.	4356
Water Resources Research	Water Resourc. Res.	4433
Water & Sewage Works - Mit Sonderheft: Reference and Data Number	Water Sewage Works	2813
Water and Wastes Engineering	Water Wastes Engng.	2432
Water and Water Engineering	Water and Water Engng.	2913
Wear [Amsterdam] - Ab Band 11, Nr. 1 (1968): Wear [Lausanne]	Wear [Amsterdam]	2137
Wear [Lausanne] - Bis Band 10, Nr. 6 (1967): Wear [Amsterdam]	Wear [Lausanne]	2137
Weeds - Ab Band 16, Nr. 1 (1968): Weed Science	Weeds	4324
Weed Science - Bis Band 15, Nr. 4 (1967): Weeds	Weed Sci.	4324
Weinberg und Keller - Mit Beilage: Wein-Bibliographie	Weinberg u. Keller	1834
Welding Journal - Mit Supplement: Welding Research	Welding J.	3044
Werkstatt und Betrieb	Werkstatt u. Betrieb	3073
Werkstoffe und Korrosion	Werkstoffe u. Korrosion	2776
Wiadomości Chemiczne (Chemische Nachrichten)	Wiadomości chem.	1810
Wiadomości Hutnicze (Hüttennachrichten)	Wiadomości hutnicze	4069
Wire and Wire Products	Wire and Wire Products	3268
Wissenschaftliche Berichte E. Merck	Wiss. Ber. E. Merck	2244

Wissenschaftlicher Verein für Maschinenbau. Verein Ungarischer Chemiker. Vorträge	Wiss. Ver. Maschinenbau, Ver. ung. Chemiker, Vortr.	4472
Wissenschaftliche Zeitschrift der Ernst-Moritz-Arndt-Universität Greifswald. Mathematisch-Naturwissenschaftliche Reihe	Wiss. Z. Ernst-Moritz-Arndt-Univ. Greifswald, math.-naturwiss. R.	5443
Wissenschaftliche Zeitschrift der Friedrich-Schiller-Universität Jena/Thüringen. Mathematisch-Naturwissenschaftliche Reihe	Wiss. Z. Friedrich-Schiller-Univ. Jena/Thür., math.-naturwiss. R.	4036
Wissenschaftliche Zeitschrift der Hochschule für Architektur und Bauwesen Weimar	Wiss. Z. Hochschule Architektur Bauwes. Weimar	5382
Wissenschaftliche Zeitschrift der Humboldt-Universität zu Berlin. Mathematisch-Naturwissenschaftliche Reihe	Wiss. Z. Humboldt-Univ. Berlin, math.-naturwiss. R.	5459
Wissenschaftliche Zeitschrift der Karl-Marx-Universität Leipzig. Mathematisch-Naturwissenschaftliche Reihe	Wiss. Z. Karl-Marx-Univ. Leipzig, math.-naturwiss. R.	5600
Wissenschaftliche Zeitschrift der Martin-Luther-Universität Halle-Wittenberg. Mathematisch-Naturwissenschaftliche Reihe	Wiss. Z. Martin-Luther-Univ. Halle-Wittenberg, math.-naturwiss. R.	5442
Wissenschaftliche Zeitschrift der Pädagogischen Hochschule Potsdam. Mathematisch-Naturwissenschaftliche Reihe	Wiss. Z. Pädagog. Hochschule Potsdam, math.-naturwiss. R.	2481
Wissenschaftliche Zeitschrift des Pädagogischen Instituts Güstrow. Reihe Biologie-Chemie-Polytechnik	Wiss. Z. Pädagog. Inst. Güstrow, R. Biol.-Chem.-Polytechn.	4428
Wissenschaftliche Zeitschrift der Technischen Hochschule für Chemie "Carl Schorlemmer" Leuna-Merseburg	Wiss. Z. Techn. Hochschule Chem. "Carl Schorlemmer" Leuna-Merseburg	4078
Wissenschaftliche Zeitschrift der Technischen Hochschule Ilmenau	Wiss. Z. Techn. Hochschule Ilmenau	5316
Wissenschaftliche Zeitschrift der Technischen Hochschule Otto von Guericke Magdeburg	Wiss. Z. Techn. Hochschule Otto von Guericke Magdeburg	5509
Wissenschaftliche Zeitschrift der Technischen Universität Dresden	Wiss. Z. Techn. Univ. Dresden	5406
Wissenschaftliche Zeitschrift der Universität Rostock. Mathematisch-Naturwissenschaftliche Reihe	Wiss. Z. Univ. Rostock, math.-naturwiss. R.	5481
Wochenblatt für Papierfabrikation	Wbl. Papierfabrikat.	2920
World Mining	Wld. Mining	3605
Wyższa Szkoła Ekonomiczna w Poznaniu. Zeszyty Naukowe - Seria I (Ökonomische Hochschule in Poznań. Wissenschaftliche Hefte - Serie I)	Wyższa Szkoła ekonom. Poznaniu, Zeszyty naukowe - Ser. I	2457

Yearbook of the American Iron and Steel Institute	Yearbook Amer. Iron Steel Inst.	1012
Yukagaku (Journal of Japan Oil Chemists' Society)	Yukagaku [J. Japan Oil Chemists' Soc.]	2475
Zapiski Vsesojuznogo Mineralogičeskogo Obščestva	Zap. vses. mineralog. Obšč.	73r
Zaščita Metallov	Zaščita Metallov	432r
Zaščita Rastenij	Zaščita Rast.	370r
Zavodskaja Laboratorija	Zav. Labor.	83r
Zeiss-Mitteilungen über Fortschritte der Technischen Optik [Stuttgart]	Zeiss-Mitt. [Stuttgart]	4096
Zeitschrift für Acker- und Pflanzenbau	Z. Acker- u. Pflanzenbau	189
Zeitschrift für Allgemeine Mikrobiologie, Morphologie, Physiologie, Genetik und Ökologie der Mikroorganismen	Z. allg. Mikrobiol., Morphol., Physiol., Genetik Ökol. Mikroorganismen	4224
Zeitschrift für Alternsforschung	Z. Alternsforsch.	1284
Zeitschrift für Analytische Chemie	Z. analyt. Chem.	375
Zeitschrift für Angewandte Mathematik und Physik [Basel]	Z. angew. Math. Physik [Basel]	1626
Zeitschrift für Angewandte Physik	Z. angew. Physik	3735
Zeitschrift für Anorganische und Allgemeine Chemie	Z. anorg. allg. Chem.	377
Zeitschrift für Astrophysik	Z. Astrophysik	618
Zeitschrift für Biologie	Z. Biol.	378
Zeitschrift für Chemie	Z. Chem.	2220
Zeitschrift der Deutschen Geologischen Gesellschaft	Z. dtsch. geol. Ges.	372
Zeitschrift für Ernährungswissenschaft	Z. Ernährungswiss.	2229
Zeitschrift für Ernährungswissenschaft. Supplementum	Z. Ernährungswiss., Suppl.	2229a
Zeitschrift für Erzbergbau und Metallhüttenwesen	Z. Erzbergbau Metallhüttenwes.	2797
Zeitschrift für die Gesamte Experimentelle Medizin einschließlich Experimenteller Chirurgie	Z. ges. exp. Med. einschl. exp. Chirurgie	381
Zeitschrift für die Gesamte Hygiene und ihre Grenzgebiete	Z. ges. Hyg. Grenzgebiete	2532
Zeitschrift für die Gesamte Textilindustrie	Z. ges. Textilind.	2930
Zeitschrift für Instrumentenkunde - Ab Band 76, Nr. 1 (1968): Messtechnik [Braunschweig]	Z. Instrumentenkunde	2936
Zeitschrift für Klinische Chemie und Klinische Biochemie	Z. klin. Chem. klin. Biochem.	2252
Zeitschrift für Krebsforschung	Z. Krebsforsch.	385
Zeitschrift für Kristallographie, Kristallgeometrie, Kristallphysik, Kristallchemie	Z. Kristallogr., Kristallgeometr., Kristallphysik, Kristallchem.	386a

Zeitschrift für Lebensmittel-Untersuchung und -Forschung - Mit Beilage: Gesetze und Verordnungen sowie Gerichtsentscheidungen betr. Lebensmittel	Z. Lebensmittel-Unters. u. -Forsch.	394
Zeitschrift für Medizinische Mikrobiologie und Immunologie	Z. med. Mikrobiol. Immunol.	382
Zeitschrift für Metallkunde	Z. Metallkunde	2938
Zeitschrift für Naturforschung	Z. Naturforsch.	1493 a+b
Zeitschrift für Pflanzenernährung und Bodenkunde - Bis Band 115, Nr. 3 (1966): Zeitschrift für Pflanzenernährung, Düngung, Bodenkunde	Z. Pflanzenernähr. Bodenkunde	388
Zeitschrift für Pflanzenernährung, Düngung, Bodenkunde - Ab Band 116, Nr. 1 (1967): Zeitschrift für Pflanzenernährung und Bodenkunde	Z. Pflanzenernähr., Düng., Bodenkunde	388
Zeitschrift für Pflanzenkrankheiten (Pflanzenpathologie) und Pflanzenschutz	Z. Pflanzenkrankh. (Pflanzenpathol.) Pflanzenschutz	389
Zeitschrift für Pflanzenphysiologie	Z. Pflanzenphysiol.	1165
Zeitschrift für Physik	Z. Physik	390
Zeitschrift für Physikalische Chemie [Frankfurt/M.]	Z. physik. Chem. [Frankfurt/M.]	1856
Zeitschrift für Physikalische Chemie [Leipzig]	Z. physik. Chem. [Leipzig]	392
Zeitschrift für Schweisstechnik [Zürich]	Z. Schweisstechn. [Zürich]	3228
Zeitschrift für Wissenschaftliche Mikroskopie und für Mikroskopische Technik	Z. wiss. Mikroskop. mikroskop. Techn.	395
Zeitschrift für Wissenschaftliche Photographie, Photophysik und Photochemie	Z. wiss. Photogr., Photophysik Photochem.	396
Zeitschrift für die Zuckerindustrie	Z. Zuckerind.	2689
Zellstoff und Papier	Zellstoff u. Papier	4054
Zement-Kalk-Gips	Zement-Kalk-Gips	2942
Zentralblatt für Bakteriologie, Parasitenkunde, Infektionskrankheiten und Hygiene. a)... I. Abteilung. Originale c)... II. Abteilung.	Zbl. Bakteriol., Parasitenkunde, Infektionskrankh. Hyg., I. Abt., Orig. II. Abt.	398 a, c
Zeszyty Naukowe Akademii Górniczo-Hutniczej [Kraków] (Wissenschaftliche Hefte der Berg- und Hüttenakademie). a)... Ceramika (Keramik) d)... Metalurgia i Odlewnictwo (Metallurgie und Giessereiwesen)	Zeszyty naukowe Akad. górniczo-hutniczej [Kraków], Ceramika Metalurgia Odlewnictwo	2151 a, d
Zeszyty Naukowe Politechniki Gdańskiej (Wissenschaftliche Hefte der Technischen Hochschule Gdańsk) c)... Chemia (Chemie) d)... Fizyka (Physik)	Zeszyty naukowe Politechn. Gdańskiej, Chem. Fizyka	5623 c+d
Zeszyty Naukowe Politechniki Łódzkiej. (Wissenschaftliche Hefte der Technischen Hochschule Łódź).	Zeszyty naukowe Politechn. Łódzkiej,	2018 b, e

b)... Chemia Spożywcza (Lebensmittelchemie)	Chem. spożywcza	
e)... Włokiennictwo (Textilwesen)	Włokiennictwo	
Zeszyty Naukowe Politechniki Śląskiej (Wissenschaftliche Hefte der Schlesischen Technischen Hochschule).	Zeszyty naukowe Politechn. Śląskiej,	4141 a, e, g
a)... Chemia (Chemie)	Chem.	
e)... Energetyka (Energetik)	Energet.	
g)... Inżynieria Sanitarna (Sanitätsingenieurwesen)	Inżynieria sanit.	
Zeszyty Naukowe Politechniki Szczecińskiej. Chemia (Wissenschaftliche Hefte der Technischen Hochschule Szczecin. Chemie)	Zeszyty naukowe Politechn. Szczecińskiej, Chem.	4292a
Zeszyty Naukowe Szkoły Głównej Gospodarstwa Wiejskiego w Warszawie. Technologia Rolno-Spożywcza (Wissenschaftliche Hefte der Landwirtschaftlichen Hochschule Warschau. Technologie der Landwirtschaft und Lebensmittel)	Zeszyty naukowe Szkoły głównej Gospodarstwa wiejskiego Warszawie, Technol. Rolno-Spożywcza	2183d
Zeszyty Naukowe Uniwersytetu Jagiellońskiego. Prace Chemiczne (Universitas Jagellonica Cracoviensis Acta Scientiarum Litterarumque. Schedae Chimicae)	Zeszyty naukowe Uniw. jagiellońskiego, Prace chem.	4100a
Zeszyty Naukowe Uniwersytetu Łódzkiego. Seria II. Nauki Matematyczno Przyrodnicze (Wissenschaftliche Hefte der Universität Łódź. Serie II. Mathematik und Naturwissenschaften)	Zeszyty naukowe Uniw. Łódzkiego, Ser. II	2143
Zeszyty Naukowe Wyższej Szkoły Pedagogicznej w Gdańsku. Matematyka, Fizyka, Chemia (Wissenschaftliche Hefte der Höheren Pädagogischen Lehranstalt Gdańsk. Mathematik, Physik, Chemie)	Zeszyty naukowe Wyższej Szkoły pedagog. w Gdańsku, Mat., Fizyka, Chem.	2272
Ziegelindustrie	Ziegelindustrie	3990
Zinc, Cadmium & Alliages	Zinc, Cadmium Alliages	2584
Zinn und seine Verwendung	Zinn u. seine Verwend.	3703
Zucker - Mit Beilage: Zucker-Beihefte	Zucker	3775
Žurnal Analitičeskoj Chimii	Ž. analitičeskoj Chim.	222r
Žurnal Ėksperimental'noj i Teoretičeskoj Fiziki	Ž. ėksper. teoret. Fiz.	93r
Žurnal Ėksperimental'noj i Teoretičeskoj Fiziki - Pis'ma v Redakciju	Ž. ėksper. teoret. Fiz. - Pis'ma v Redakciju	93ra
Žurnal Evoljucionnoj Biochimii i Fiziologii	Ž. evoljucionnoj Biochim. Fiziologii	442r
Žurnal Fizičeskoj Chimii	Ž. fiz. Chim.	49r
Žurnal Mikrobiologii, Ėpidemiologii i Immunobiologii	Ž. Mikrobiol., Ėpidemiol. Immunobiol.	173r
Žurnal Naučnoj i Prikladnoj Fotografii i Kinematografii	Ž. nauč. prikl. Fotogr. Kinematografii	344r
Žurnal Neorganičeskoj Chimii	Ž. neorg. Chim.	334r
Žurnal Obščej Biologii	Ž. obšč. Biol.	210r
Žurnal Obščej Chimii	Ž. obšč. Chim.	14r
Žurnal Organičeskoj Chimii	Ž. org. Chim.	428r

Žurnal Prikladnoj Chimii	Ž. prikl. Chim.	15r
Žurnal Prikladnoj Spektroskopii	Ž. prikl. Spektroskopii	426r
Žurnal Strukturnoj Chimii	Ž. strukturnoj Chim.	393r
Žurnal Techničeskoj Fiziki	Ž. techn. Fiz.	39r
Žurnal Vsesojuznogo Chimičeskogo Obščestva im. D. I. Mendeleeva	Ž. vses. chim. Obšč. im. D. I. Mendeleeva	346r

Bibliographien

Belgien	Bibliographie de Belgique - Belgische Bibliographie	B 3
ČSSR	Bulletin. Wissenschaft und Buch [Praha]	B 20
	Nové Knihy (Neue Bücher)	B 19
Dänemark	Danske Bogmarked	B 4
Deutschland	Deutsche Bibliographie, Wöchentliches Verzeichnis. Ausgabe II [Frankfurt/Main]	B 2
	Deutsche Nationalbibliographie. Reihe A: Neuerscheinungen des Buchhandels [Leipzig]	B 1
Frankreich	Bibliographie de la France	B 6
Griechenland	Greek Bibliography [Athen]	B 22
Großbritannien	British National Bibliography	B 15
Italien	Bibliografia Nazionale Italiana	B 8
Niederlande	Nieuwsblad voor de Boekhandel	B 7
Österreich	Österreichische Bibliographie	B 16
Polen	Polish Academy of Sciences. Quarterly Review of Scientific Publications	B 24
Rumänien	Bibliografia Republicii Socialiste România. Cărţi, Albume, Hărţi, Note Muzicale	B 26
Schweiz	Schweizer Buch. Serie A	B 10
	Schweizer Buch. Serie B	B 18
Ungarn	Magyar Nemzeti Bibliográfia (Bibliographia Hungarica) - Mit Sammelbänden: Magyar Könyvészet	B 25
USA	Publishers' Weekly	B 12
UdSSR	Knižnaja Letopis'	B 1r
	Knižnoe Obozrenie	B 2r

Patentblätter

ČSSR	Vynálezy (Erfindungen)
Deutschland	Patentblatt
Frankreich	Bulletin Officiel de la Propriété Industrielle. Section C: Chimie et Métallurgie Bulletin Officiel de la Propriété Industrielle. Section D: Textiles et Papier
Großbritannien	Official Journal (Patents)
Österreich	Österreichisches Patentblatt
Portugal	Diário do Governo
Schweiz	Schweizerisches Patent-, Muster- und Marken-Blatt (Feuille Suisse des Brevets, Dessins et Marques - Foglio Svizzero dei Brevetti, Disegni e Marchi)
Ungarn	Szabadalmi Közlöni és Védjegyértesitö (Patentblatt und Warenzeichenanzeiger)
USA	Official Gazette of the United States Patent Office
UdSSR	Bjulleten' Izobretenij i Towarnych Znakov

Herausgeber: Prof. Dr. Heinrich Bertsch, Berlin, und Prof. Dr. Dr. h. c. Wilhelm Klemm, Münster.
Stellvertretende Herausgeber: Prof. Dr.-Ing. Dr. rer. nat. h. c. Eberhard Leibnitz, 104 Berlin, Schiffbauerdamm 19, Fernsprecher: 425571 und Prof. Dr. Bertold Reuter, 1 Berlin 30, Geisbergstraße 39, Fernsprecher: 2119091.
Chefredakteure und verantwortlich für den Inhalt: Dr. Helga Völz, 104 Berlin, Schiffbauerdamm 19, Fernsprecher: 425571 und Dr.-Ing. Christian Weiske, 1 Berlin 30, Geisbergstraße 39, Fernsprecher: 2119091.
Stellvertretender Chefredakteur: Dr.-Ing. Günter Pötzscher, 1 Berlin 30, Geisbergstraße 39, Fernsprecher: 2119091.

Verlag: Akademie-Verlag GmbH, 108 Berlin, Leipziger Str. 3–4 (Fernsprecher: 220441, Telex-Nr. 0112020), und Verlag Chemie GmbH, 694 Weinheim/Bergstr. (Fernsprecher: (06201) 3635; Fernschreiber: 465516 vchwh d). Bestellnummer: 1007/Zeitschriftenliste 1968. Das Chemische Zentralblatt erscheint wöchentlich. Preis des Jahrganges einschl. Schnellreferatedienst, Autoren-, Patent-, Sach- und Formelregister: 3200,–; einseitig bedruckte Ausgabe: 3700,–. Abgabe der Zeitschrift nur mit sämtlichen Registern. Abbestellungen nur bis spätestens 6 Wochen vor Ablauf des Kalenderjahres.

Offsetdruck und buchbinderische Weiterverarbeitung: VEB Druckerei „Thomas Müntzer“ Bad Langensalza.
Veröffentlicht unter der Lizenznummer 1273 des Presseamtes beim Vorsitzenden des Ministerrates.
Printed in Germany.

FSC
www.fsc.org
MIX
Papier | Fördert gute Waldnutzung
FSC® C083411

Kolibri 360 GmbH
Ferdinand-Jühlke-Straße 7
99095 Erfurt, Deutschland
produktsicherheit@kolibri360.de